GÉOMÉTRIE
DANS L'ESPACE

PAR

L. SAINT-LOUP

Professeur à la faculté des sciences de Strasbourg

OUVRAGE RÉDIGÉ CONFORMÉMENT

aux programmes officiels de 1866

POUR L'ENSEIGNEMENT SECONDAIRE SPÉCIAL

(DEUXIÈME ANNÉE)

PARIS

LIBRAIRIE DE L. HACHETTE ET Cⁱᵉ

BOULEVARD SAINT-GERMAIN, Nᵒ 77

1868

GÉOMÉTRIE

DANS L'ESPACE

DEUXIÈME ANNÉE

Imprimerie générale de Ch. Lahure, rue de Fleurus, 9, à Paris.

GÉOMÉTRIE

DANS L'ESPACE

PAR

L. SAINT-LOUP

Professeur à la Faculté des sciences de Strasbourg

OUVRAGE RÉDIGÉ CONFORMÉMENT

aux programmes officiels de 1866

POUR L'ENSEIGNEMENT SECONDAIRE SPÉCIAL

(DEUXIÈME ANNÉE)

PARIS

LIBRAIRIE DE L. HACHETTE ET Cᵉ

BOULEVARD SAINT-GERMAIN, Nº 77

1868

EXTRAIT DES PROGRAMMES OFFICIELS

DE

L'ENSEIGNEMENT SECONDAIRE SPÉCIAL

—

GÉOMÉTRIE DANS L'ESPACE[1].

(DEUXIÈME ANNÉE.)

Du plan. — De la perpendiculaire au plan. — Tracé de la perpendiculaire. — Une équerre tournant autour de l'un de ses petits côtés, l'autre côté engendre un plan perpendiculaire au premier. — Une droite est perpendiculaire à un plan quand elle l'est à toutes les droites qu'on peut y mener par sa trace, et réciproquement. — On ne peut mener par un point donné qu'une seule perpendiculaire à un plan. — Planter une tige perpendiculairement sur un plan, et de manière qu'elle passe par un point donné. — Équerre à trois branches. — Propositions sur les obliques dont les pieds sont également ou inégalement distants de celui de la perpendiculaire. — Abaisser d'un point donné hors d'un plan une perpendiculaire à ce plan, sans équerre à trois branches. —

1. Le professeur se sert de petites planches en liége de vingt-cinq à trente centimètres de côté pour figurer les plans, et de tiges en bois armées de pointes pour figurer les lignes: avec ces planches et ces tiges il construit les figures dont il veut expliquer les propriétés; il les dessine sur le tableau noir après avoir présenté aux élèves, sous divers aspects, la figure qu'il a construite, et pendant le cours de sa démonstration, il passe successivement de la figure au tableau et du tableau à la figure réalisée. Chaque élève, muni d'un appareil semblable, mais plus petit, reproduit lui-même la figure proposée. Ce cours sert ainsi de préparation aux leçons de géométrie descriptive.

Deux perpendiculaires à un même plan sont parallèles. — Toute parallèle à une perpendiculaire sur un plan est aussi perpendiculaire au plan. — Un plan est horizontal quand il contient deux perpendiculaires à la verticale non parallèles entre elles. — Niveau de côté, son emploi. — Deux droites parallèles à une troisième sont parallèles entre elles. — Plans, vertical, horizontal, incliné.

Élévation, coupe ou profil, plan par terre ou projection horizontale d'un bâtiment. — Droite parallèle à un plan. — Une droite parallèle à une droite contenue dans un plan est parallèle au plan lui même ou est située dans ce p'an. — L'intersection de deux plans est une ligne droite. — Les arêtes des corps en bois, en fer, en pierre façonnés par les ouvriers sont des lignes droites, dès que les faces dont elles sont les intersections sont parfaitement planes : les plis formés dans une feuille de papier, de tôle, d'étoffe, sont des lignes droites. — L'intersection de deux plans verticaux est une verticale. — Moyen de planter des jalons, des tiges, des supports. — L'intersection d'un plan horizontal et d'un plan quelconque est horizontale. — Les face d'une pièce de bois, d'une pierre de taille, etc., étant de niveau, toutes les traces des plans qui les rencontrent sont horizontales. — Angle de deux plans. — Mesure de l'angle de deux plans. — Les lignes de plus grande pente d'un plan incliné sont perpendiculaires à ses horizontales. — Rampes au trentième, au cinquantième, etc. — Tracer une ligne de plus grande pente sur un terrain incliné. — Un plan qui contient une droite perpendiculaire à un autre plan est aussi perpendiculaire à ce dernier. — Tout plan vertical est perpendiculaire au plan horizontal qu'il rencontre. — Quand deux plans qui se coupent sont perpendiculaires à un troisième, l'intersection des deux premiers est perpendiculaire au troisième. — C'est en appliquant les principes précédents que le tailleur de pierre exécute un parement d'équerre sur un autre, que les charpentiers obtiennent une arête perpendiculaire à un parement, etc.

Plans parallèles. — Deux plans perpendiculaires à une même droite sont parallèles. — Tous les plans horizontaux sont parallèles. — Les intersections de deux plans parallèles coupés par un troisième sont des droites parallèles.— Une droite perpendiculaire à un plan est perpendiculaires à tout plan parallèle au premier. — Des droites parallèles terminées à des plans parallèles sont égales. — Deux plans parallèles sont partout à la même distance l'un de l'autre. — Application : les deux meules d'un moulin à farine, le rabot mécanique de Brunel, la scie à recéper les pieux sous l'eau, etc. — Des droites coupées par plus de deux plans parallèles sont divisées en parties proportionnelles. — Applications.

Prisme. — Prisme droit, oblique, triangulaire, quadrangulaire, tronqué. — Dessiner un prisme droit complet; —un prisme droi tronqué; — un prisme oblique complet. — Les charpentiers et les tailleurs de pierre, les menuisiers, les ébénistes, les opticiens, etc., ont journellement à exécuter des prismes creux et droits. — Les sections faites dans tout prisme par deux plans parallèles entre eux sont des polygones égaux. — Deux prismes sont égaux quand les trois faces d'un angle solide de l'un égalent les trois faces correspondantes de l'autre. — Prismes symétriques. — Deux prismes sont symétriques quand les droites qui joignent les sommets de l'un aux sommets de même rang dans l'autre ont un plan de symétrie commun. — Deux prismes qui ont des bases équivalentes et de même hauteur sont équivalents.

Parallélipipède. — Les piliers, les poteaux, les barres de fer, etc. — Les faces latérales opposées d'un prisme rectangle sont égales et parallèles. — Tout parallélipipède est divisé en deux prismes triangulaires équivalents par le plan qui contient une diagonale de chaque base. — Tout prisme triangulaire est la moitié d'un parallélipipède de base double et de même hauteur. — Du cube. — Tout cube peut être divisé en deux parties égales de neuf manières différentes. — Deux cubes sont égaux quand une arête de l'un est égale à une arête de l'autre. — Le rapport de deux parallépipèdes rectangles égale celui des produits de leurs dimensions. — Le rapport de deux prismes semblables égale celui des cubes numériques de deux arêtes correspondantes.

Pyramides. — Pyramide triangulaire, quadrangulaire, régulière, irrégulière. — Dessiner une pyramide régulière; — irrégulière. — Les toits de certains clochers, les cristaux, etc. —Tout plan parallèle à la base d'une pyramide quelconque y fait une section semblable à cette base. — Ces sections parallèles sont entre elles comme les carrés des distances du sommet à leurs plans. — Des rayons lumineux qui, partis d'un point, éclairent un polygone, forment une pyramide. — Loi de décroissance de la lumière. — Dessiner un tronc de pyramide à bases parallèles. — Deux pyramides régulières sont égales quand elles ont des bases égales et des hauteurs égales. — Deux pyramides qui ont des bases équivalentes et des hauteurs égales sont équivalentes. — Deux pyramides sont équivalentes quand elles sont symétriquement placées par rapport à un plan. — Tout prisme triangulaire peut être décomposé en trois pyramides triangulaires équivalentes.

— Deux pyramides triangulaires sont dans le même rapport que
les produits de leurs bases par leurs hauteurs. — Le prisme
triangulaire tronqué est la somme de trois pyramides qui ont
pour base commune l'une quelconque des deux bases du tronc et
pour sommets respectifs ceux de l'autre base. — Deux pyramides
triangulaires semblables sont dans le même rapport que les cubes
de leurs droites correspondantes.

Génération des surfaces. — *surface cylindrique.* — Deux principales manières de produire une surface cylindrique. — Cylindre
droit, oblique, tronqué. — Génération de la surface cylindrique
droite par la révolution complète d'un rectangle. — Dessiner une
surface cylindrique droite et complète dont la hauteur et le rayon
de base sont donnés ; — une surface cylindrique oblique et complète dont la hauteur et la pente des génératrices et le rayon sont
donnés. — Application : construction des voûtes cylindriques :
moulage des cylindres creux sur des cylindres pleins, etc., etc.
— Le développement d'une surface cylindrique droite est un rectangle dont la base est égale à la circonférence de la base du
cylindre, et la hauteur à la génératrice droite. — Tracer le développement d'une surface cylindrique droite et complète. — Rapport de deux surfaces cylindriques. — Le boisselier, le ferblantier,
le plombier, etc., ont journellement à construire des cylindres
droits et creux. — Tracer une circonférence sur une surface
cylindrique limitée. — Couper une feuille de manière qu'elle
puisse former une surface cylindrique droite, de hauteur et de
rayons connus. — Toute surface cylindrique droite et tronquée
est terminée, d'un côté, par une circonférence, et de l'autre,
par une ellipse. — Tracer le développement d'une surface
cylindrique droite et tronquée. — Application aux voûtes en berceau, aux deux parties d'un tuyau de poêle, qui doivent s'emboî-
ter, dans un certain angle, au trou destiné à recevoir un cylindre
qui doit traverser obliquement une surface plane, etc. — Deux
surfaces cylindriques, qui ont leurs axes parallèles, ne peuvent
se couper que selon deux génératrices. — Lorsque deux surfaces
cylindriques droites et de rayons égaux s'arrêtent mutuellement,
l'intersection est une ellipse. — Lorsque deux surfaces cylindriques droites et de même rayon se dépassent réciproquement,
l'intersection se compose de deux ellipses entières, qui se divisent
mutuellement en deux moitiés. — Les pénétrations des surfaces
cylindriques ont de nombreuses applications : rencontre de deux
galeries en berceau, voûtes en arc de cloître, tuyaux disposés en
T. — Robinets cylindriques que l'on place d'équerre sur des con-

duites de même forme, etc., etc. — Tracer le développement d'une surface cylindrique droite, arrêtée par une autre de même diamètre, — d'une surface cylindrique qui en traverse une de même diamètre. — Surfaces cylindriques tangentes selon une génératrice commune. — Les laminoirs. — Surfaces cylindriques équidistantes. — Pistons, formes des chapeliers, etc.

Surfaces coniques. — Deux manières de produire une surface conique. — Cône droit, oblique, complet, tronqué. — Génération de la surface conique droite, par la révolution complète d'un triangle rectangle. — Nappes du cône. — Dessiner une surface conique droite complète, dont la génératrice et le rayon de la base sont donnés ; — une surface conique oblique et complète, dont on connaît le rayon de la base, ainsi que la longueur et la pente de la plus courte des génératrices droites. — Application aux voûtes coniques appelées *trompes*, aux formes dans lesquelles le sirop cristallise et se convertit en pains de sucre, aux roues de voiture, etc. — Toutes les surfaces coniques sont développables. — Une surface conique de révolution a pour développement un secteur cercle. — Tracer le développement d'une surface conique droite et complète, dont on a les projections. — Rapport de deux surfaces coniques droites et complètes. — Tracer, sans projection, le développement d'une surface conique de révolution, dont les génératrices soient d'un longueur déterminée, et dont la base ait un rayon connu. — Moyens qu'emploient les ferblantiers, les cartonniers, etc., pour faire des cônes creux.

Diverses espèces de sections produites dans une surface conique par un plan. — Citer des exemples de chaque section. — Dessiner une surface conique droite, tronquée, à deux bases, dont on connaît les rayons extrêmes et l'axe. — Tracer le développement d'un tronc de surface conique droite dont on a les projections. — Tracer, sans projections, le développement d'un tronc de surface conique droite, dont on connaît l'axe et les rayons des bases. — Tracer sans projections, le développement d'un tronc de surface conique droite, dont on connaît la génératrice et les rayons des bases. — Les tuyaux d'orgues, les seaux et un grand nombre d'autres vases, les chapeaux d'homme, la surface extérieure d'un fusil, etc. sont des troncs de cône. — Dessiner une surface conique droite, à troncature elliptique. — Tracer le développement d'une surface conique droite, à troncature elliptique, dont on a les projections. — Dessiner une surface conique droite, à deux troncatures, l'une circulaire, l'autre elliptique. — Tracer le développement d'une surface conique droite, à deux troncatures, l'une circulaire et l'autre elliptique, dont on a les projections. — Les poêliers ont besoin de recourir à ces quatre problèmes pour exécuter les coudes qui servent à raccorder des tuyaux cylindriques de diamètres inégaux. — Des cônes tangents les uns aux autres ou à d'autres surfaces. — Les meules d'huilier, les engrenages. — Une surface conique et une surface cylindrique qui sont droites et dont les axes se confondent ont une circonférence pour intersection. — Les bouchons de liége ou de cristal sont coniques, le goulot d'une bouteille est cylindrique ; la circonférence interne qui termine ce goulot doit donc s'appliquer exactement sur le bouchon ; de là une fermeture hermétique. — Tracer un cylindre droit qui puisse s'ajuster en coude à la troncature d'un tronc de cône droit donné. — Si deux surfaces coniques droites se coupent, ayant le même axe, leur intersection est une circonférence. — Deux surfaces coniques, droites, à une seule nappe, dont les génératrices droites sont parallèles et dont les axes se confondent, sont partout également distantes, et l'une est entièrement contenue dans l'autre. — Applications : les chapeliers façonnent des feutres sur des formes en tronc de cône ; le jeu des robinets coniques, les soupapes coniques, etc., reposent sur la même propriété.

Définition des surfaces développpables et des surfaces gauches ; — cylindre, cône ; ailes de moulins à vent, versoirs des charrues, le dessous d'un escalier tournant à jour, la vis d'Archimède, etc.

Surface sphérique. — Ex. les balles de plomb, les boulets, les obus, les bombes, etc. — Génération de cette surface. — Dessiner une sphère de rayon donné. — L'intersection d'une surface sphérique et d'un plan est une circonférence. — Plan de section passant par le centre : grands cercles, petits cercles. — Deux grands cercles se coupent en parties égales. — Tout grand cercle partage la sphère et sa surface en deux parties égales. — le plus court chemin pour aller d'un point à un autre, sur la surface sphérique, est le plus petit des deux arcs de grand cercle qui joignent ces deux points. — Trouver le diamètre d'une sphère donnée ; — tracer un grand cercle sur une surface sphérique ; — tracer un cercle par trois points donnés sur une surface sphérique. — Tout plan tangent à l'une des extrémités d'un diamètre est tangent à la sphère. — Deux plans tangents aux extrémités d'un même diamètre de la sphère sont parallèles. — Moyen pratique de mesurer le diamètre d'une sphère solide. — Tous les rayons de la sphère sont des normales à sa surface. — Les verticales ou les directions du fil à plomb sont les normales de notre globe. — Le plan horizontal n'est pas le même pour les divers points de la terre. — Les verticales de pays différents concourraient au centre de la terre si elle était parfaitement sphérique. — Lorsque l'axe d'un cylindre droit passe par le centre d'une sphère, les courbes d'entrée et de sortie, tracées sur cette sphère par le cylindre pénétrant, sont deux circonférences égales. — Applications nombreuses.

Si l'axe d'un cône droit passe le centre de la sphère, la courbe d'entrée est une circonférence. — Si un cône quelconque pénètre dans la sphère par une circonférence, il en sort par une autre circonférence. — L'intersection des surfaces de deux sphères est une circonférence dont le plan est perpendiculaire à la droite des centres. — Ex. : partie sphérique d'une niche commençant à la naissance d'un dôme. — Deux surfaces sphériques qui ont le même centre sont équidistantes et leur distance est égale à la différence des rayons. — Deux sphères concentriques peuvent, sans que leurs surfaces cessent d'être équidistantes, tourner autour de leurs centres dans tous les sens. — Deux sphères concentriques de même rayon, dont l'une est en relief et l'autre creuse, ne cessent pas de se toucher partout, quels que soient les mouvements qu'on leur imprime sans déranger les centres. — Emboîtement à genou. — Graphomètre à genou.

Polyèdres réguliers. — Tous les sommets d'un polyèdre régulier sont sur une même surface sphérique dont le centre est aussi celui du polyèdre. — Une surface sphérique concentrique à un polyèdre régulier et tangente à une des faces touche toutes les autres à leurs centres. — Tout polyèdre régulier peut être considéré comme composé de pyramides égales et régulières, qui ont leurs sommets au centre et dont les bases sont les faces du polyèdre. — Sphère considérée comme un polyèdre d'un nombre indéfini de faces. — Le rapport des surfaces de deux sphères est égal à celui des carrés de leurs rayons ou de leurs diamètres, et le rapport des volumes est égal à celui des cubes de leurs rayons ou de leurs diamètres. — Exemples numériques.

Mesures. — Mesurer la surface latérale d'un prisme ; — la surface latérale d'un cylindre. — Mesurer la surface latérale d'une pyramide ; — la surface latérale d'un cône droit ; — la surface latérale d'un tronc de pyramide, d'un tronc de cône droit à bases parallèles ; — la surface d'une sphère. — Mesurer une calotte sphérique, une zone quelconque ; — la surface d'un secteur sphérique ; — d'un anneau ; — d'une pièce de bois courbe.

Mesurer le volume du prisme droit. — Jauger un prisme droit

en litres, en hectolitres. — Mesurer une pile de bois disposée en parallélipipède rectangle. — Volume d'un cube. — Mesurer le volume d'une pyramide triangulaire, d'une pyramide quelconque. — Mesurer un tronc de prisme rectangulaire, un tronc de parallélipipède, un tronc de pyramide à bases parallèles. — Mesurer un cylindre quelconque, un manchon cylindrique, un cône quelconque, un tronc de cône droit à bases parallèles. — Mesurer un arbre en grume, un manchon conique. — Mesurer une sphère, un secteur, un segment, une tranche, un onglet sphérique. — Mesurer le volume d'un anneau — Jauger un tonneau. — Déterminer le poids des corps de forme géométrique qui ne peuvent être pesés directement.

GÉOMÉTRIE DANS L'ESPACE.

DU PLAN.

Nous avons jusqu'à présent considéré des figures dont toutes les parties sont situées dans un même plan ; nous allons maintenant nous occuper de celles qui ne remplissent pas cette condition. Leur étude constitue la géométrie dans l'espace.

La figure la plus simple de ce genre que nous puissions considérer est celle que forment quatre points, A, B, C, D. Nous allons voir en effet que ces quatre points étant pris arbitrairement dans l'espace, ne peuvent généralement se trouver dans le même plan. En d'autres termes :

Trois point A, B, C, déterminent un plan et un seul.

1. Soient trois points A, B, C définis, par exemple, par les extrémités de trois tiges A*a*, B*b*, C*c*, plantées dans le sol (fig. 1). Prenez une planchette, vous pouvez assurément la poser sur l'extrémité de la tige A ; elle peut alors tourner en tout sens autour du point A. Faites-la mouvoir de façon à l'appuyer sur la tige B, elle ne pourra plus que tourner autour de la ligne AB, que je suppose ne pas contenir le point C, et vous pouvez l'amener à

reposer sur la tige C. Dès lors, sa position est complétement déterminée ; elle ne peut que glisser *dans son plan*. Ce plan contient évidemment les droites AB, AC, BC, quelque loin qu'on le suppose prolongé, ainsi que ces droites. Il contient aussi toute autre droite qui rencontre celles-ci. Il en résulte que par les trois points A, B, C, on ne peut faire passer qu'un plan. On en tire cette con-

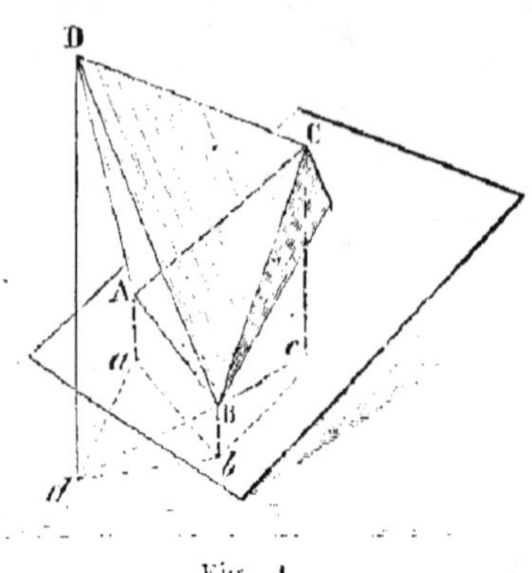

Fig. 1.

séquence : *Si deux plans se rencontrent, leurs points communs sont situés sur une ligne droite.*

On voit aussi qu'un plan est également déterminé soit par une droite et un point, soit par deux droites qui se coupent ou qui sont parallèles, et que le plan peut être considéré comme engendré par le mouvement d'une ligne droite qui s'appuie sur deux autres qui se coupent.

C'est ainsi que le tuilier produit la surface plane supérieure de la masse de terre qui remplit le moule destiné à fixer la forme de la tuile (fig. 2). Le moule est un cadre rectangulaire posé sur une planchette ; quand l'ouvrier l'a rempli de terre préparée, il passe une petite règle en l'appuyant sur les bords du cadre et produit une surface parfaitement plane en enlevant la terre en excès. La tuile est ensuite renversée sur une autre planchette, le cadre enlevé, et l'opération recommence.

Il est évident qu'une ligne droite qui s'appuie sur une autre peut se mouvoir de bien des manières. Souvent elle se meut parallèlement à elle-même, d'autres fois elle tourne en outre autour d'un point fixe. Dans les deux cas, elle engendre un plan.

Si nous revenons à la considération des quatre points
A, B, C, D, vous voyez que par trois de ces points on peut

Fig. 2.

faire passer un plan, lequel ne contient pas le quatrième.
Joignez ces points entre eux, vous aurez six droites; ter-
minez par la pensée les plans ABC, BCD...., à ces droites,
ces quatre plans comprennent *le solide* le plus simple de
la géométrie parmi ceux qui se terminent par des plans.

De la perpendiculaire au plan.

2. Mais avant d'envisager ce solide, il convient d'en
étudier les éléments. Imaginez un plan et une droite
non située dans le plan. Cette droite peut avoir relativement au plan des directions remarquables, que nous allons définir.

Prenez une feuille de carton dont un bord est droit,
pliez-la en deux en appliquant l'une sur l'autre les
deux parties du bord droit;
le pli formé sera une droite
perpendiculaire aux deux

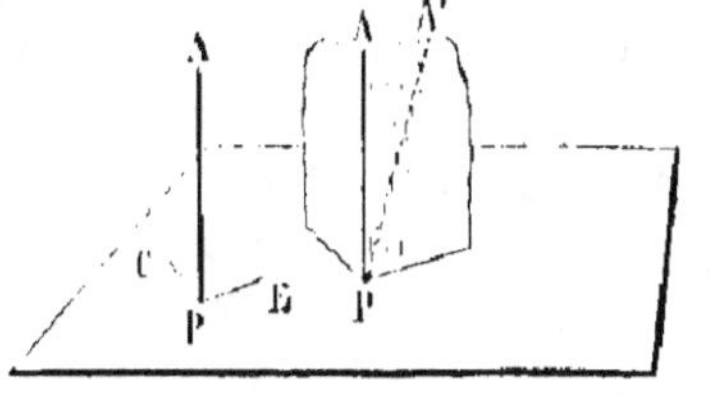

Fig. 3.

parties qu'il détermine sur le bord droit. Posez sur un
plan ce carton entr'ouvert (fig. 3); le pli du carton est

dit *perpendiculaire* au plan. Sous une forme plus géométrique, imaginez qu'à une extrémité P d'une droite AP
on élève deux perpendiculaires PB, PC à cette droite ;
quand on placera ces deux droites sur un plan, la droite
PA sera dite perpendiculaire au plan. (Le point P où la
droite rencontre le plan se nomme la *trace* de la droite
ou le *pied* de la perpendiculaire.)

On peut se demander si la direction de la ligne PA
change quand, le point P restant fixe, on fait tourner
l'angle CPB autour du point P. Nous allons démontrer
que si une droite AP est perpendiculaire à deux autres
PB, PC qui passent par son pied dans un plan, elle est
perpendiculaire à toute autre droite PD, menée par son
pied dans ce même plan, et nous en conclurons que la
ligne AP est la seule qui remplisse cette condition.

5. Soit en effet AP une perpendiculaire aux deux
droites PB, PC, situées dans le plan MN (fig. 4). Traçons

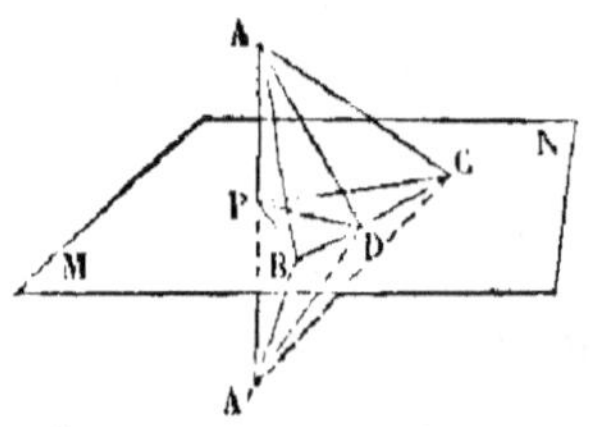

une ligne BC qui rencontre les
trois droites PB, PC, PD. Prolongeons AP au-dessous du plan d'une
longueur PA′ égale à PA et joignons les points B, C, D aux points
A et A′. On voit que BA = BA′,
puisque B est un point de la perpendiculaire PB au milieu de AA′ ;

Fig. 4.

de même CA = CA′. Il en résulte que les deux triangles ABC, A′ BC sont égaux comme ayant leurs côtés
égaux chacun à chacun. Il n'est pas difficile d'en conclure que les triangles ABD, A′ BD sont aussi égaux, comme
ayant un angle égal en B compris entre côtés égaux et
par suite que AD = A′ D ; donc DP est perpendiculaire
sur AA′ ; donc :

*Si une droite est perpendiculaire sur deux autres passant
par son pied dans un plan, elle est perpendiculaire à toute
autre droite menée par le même point dans le plan.*

Inversement, la ligne AP restant fixe, si on fait tourner l'angle APB autour de AP, la ligne PB décrit un plan perpendiculaire à AP. Ou, si l'on veut (fig. 5),

Une équerre tournant autour de l'un de ses petits côtés, l'autre côté engendre un plan perpendiculaire au premier.

4. Cela revient à dire que les perpendiculaires élevées à une droite en l'un de ses points sont toutes situées dans un même plan perpendiculaire à la droite en ce point. La vérité de cette proposition est aisée à reconnaître. Si vous supposez qu'en effet une des perpendiculaires PD (fig. 5) ne soit pas dans le plan déterminé

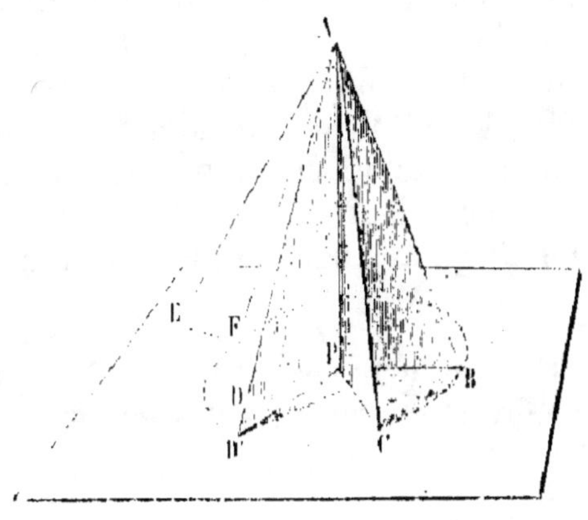

Fig. 5.

par deux d'entre elles, PB, PC, faites passer par AP et PD un plan qui coupe le plan CPB suivant une droite PD'. La droite PD' sera perpendiculaire à PA d'après la proposition précédente. On aurait donc dans un plan APDD' deux perpendiculaires PD, PD' à une même droite PA ; or on sait que cela est impossible, donc PD doit être dans le plan CPB ; donc *les perpendiculaires élevées en un point d'une droite sont toutes situées dans un même plan perpendiculaire à cette droite en ce point.*

5. On voit ainsi qu'on peut définir la perpendiculaire au plan en disant que :

On appelle perpendiculaire à un plan une droite perpendiculaire à toutes les droites qu'on peut mener par sa trace dans ce plan.

Et réciproquement, le plan est dit perpendiculaire à la droite. On voit encore que :

On ne peut mener par un point donné qu'une seule perpendiculaire à un plan.

6. Imaginez en effet qu'on en puisse mener deux, PA, PA', fig. 3; par ces deux droites faites passer un plan. Ce plan coupe le plan donné suivant une droite à laquelle les deux lignes PA, PA' ne sauraient être perpendiculaires; donc une seule de ces lignes peut être perpendiculaire au plan. Ce raisonnement s'applique, quelle que soit la position du point, dans le plan ou hors du plan.

Planter une tige perpendiculairement à un plan, et de manière qu'elle passe par un point donné. — Équerre à trois branches.

7. Pour planter une tige perpendiculairement à un plan, il faut, après avoir placé la tige à peu près perpendiculairement au plan, s'assurer avec l'équerre qu'elle est bien perpendiculaire à toute droite passant par le pied dans le plan. Il faut donc que, l'un des côtés de l'équerre étant appliqué le long de la tige, l'autre côté reste dans le plan, dans toutes les positions de l'équerre autour de la tige.

Comme il suffit, pour que cette condition soit remplie, que la tige soit perpendiculaire à deux droites menées par son pied dans le plan, on se sert pour planter la tige d'une équerre à trois branches. Cette équerre n'est autre chose que l'assemblage de deux équerres ordinaires par l'un de leurs petits côtés et de façon que les deux sommets de l'angle droit coïncident, précisément comme dans le carton plié dont il a été question plus haut. Ordinairement les deux côtés libres de l'équerre font aussi entre eux un angle droit. Dans ce cas on peut regarder l'équerre comme formée par l'assemblage de trois équerres par leurs petits côtés (fig. 6). Prenez une feuille carrée de car

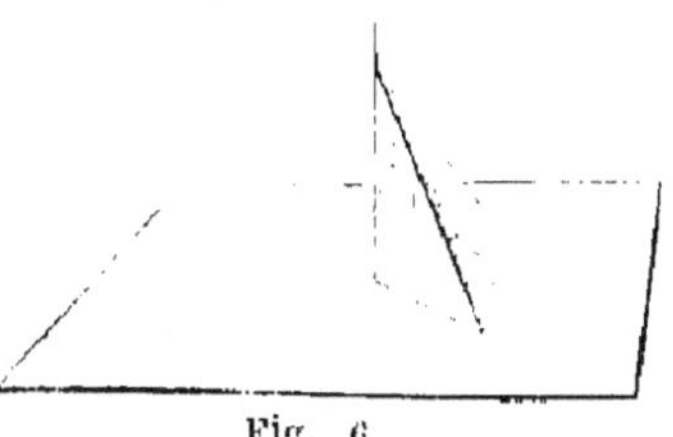

Fig. 6.

ton, menez les deux diagonales : elles se coupent à angle droit; enlevez l'un de ces angles, pliez le carton suivant les demi-diagonales restantes et rejoignez les bords libres, vous aurez une équerre à trois branches.

L'emploi de cette équerre est un peu moins aisé quand on veut abaisser d'un point une perpendiculaire sur un plan. Il faut alors mener à peu près cette perpendiculaire représentée par le bord d'une règle droite ou par un fil tendu et, à l'aide de l'équerre à trois branches, chercher la position de la trace de la droite par la condition que, l'équerre étant appuyée sur le plan, la branche libre coïncide avec le bord de la règle ou avec le fil tendu. Toutefois, on a un moyen plus direct de déterminer le pied de la perpendiculaire abaissée d'un point sur un plan en s'appuyant sur les propositions suivantes :

Si d'un point pris hors d'un plan on mène à ce plan une perpendiculaire et différentes obliques : 1° la perpendiculaire est plus courte que l'oblique; 2° les obliques dont les traces sont également écartées du pied de la perpendiculaire sont égales; 3° les obliques dont les traces n sont pas également éloignées du pied de la perpendiculaire sont inégales.

8. Toute ligne qui rencontre un plan sans lui être perpendiculaire est dite oblique au plan.

1º Soit AB une oblique (fig. 7): par AB et la perpendiculaire AP faites passer un plan, il coupe le plan donné

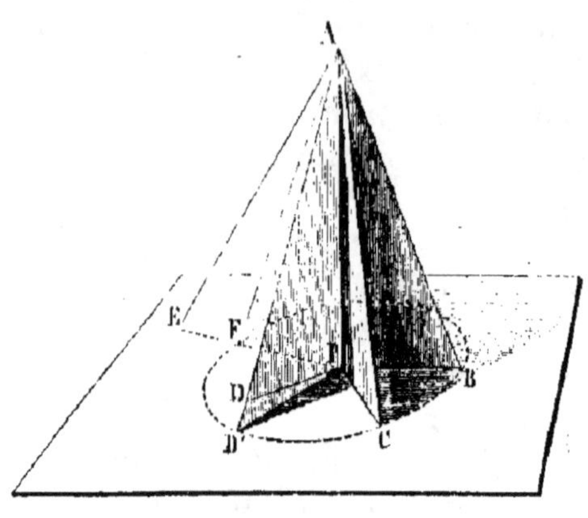

Fig. 7

suivant PB et PB est perpendiculaire sur PA. Donc,
d'après un théorème de la géométrie plane, l'oblique AB
dans le plan APB est plus courte que la perpendiculaire
AP.

2º Soit AC une autre oblique telle que PC = PB; les
deux triangles rectangles APB, APC sont égaux comme
ayant un angle égal compris entre côtés égaux; donc
AB = AC.

3º Soient deux obliques AC, AE telles que PE est plus
grand que PC. Dans le plan APE, prenez sur PE une longueur PF égale à PC, alors AF sera égal à AC; mais
d'après ce qu'on a vu en géométrie plane, AF est plus petit que AE; donc AC est plus petit que AE.

Réciproquement:

Des obliques égales sont également écartées du pied
de la perpendiculaire, et de deux obliques inégales, la
plus longue est celle qui s'écarte le plus du pied de la
perpendiculaire.

On voit que les pieds de toutes les obliques égales,
menées d'un point A à un plan, sont situés sur un cercle

dont le centre est au pied de la perpendiculaire abaissée du point A sur le plan. Cette propr été permet de résoudre le problème suivant (§ 9) :

9. Auparavant nous en tirerons une conséquence importante. Nommons M le milieu de la corde BC, AM et PM sont tous deux perpendiculaires à BC, puisque les triangles ABC, PBC sont tous deux isocèles. On énonce ce résultat de la manière suivante :

Si d'un point A on abaisse une perpendiculaire AP sur un plan, si l'on trace dans ce plan une droite quelconque BC et si du point P on abaisse une perpendiculaire PM sur BC, la droite AM sera aussi perpendiculaire sur BC.

Abaisser d'un point donné hors d'un plan une perpendiculaire à ce plan sans équerre à trois branches.

10. Fixez au point donné A (fig. 7) un fil assez long pour que, le fil étant tendu, l'extrémité libre atteigne le plan donné. Marquez sur le plan les positions B, C, D, de l'extrémité du fil tendu dans trois directions différentes. Déterminez le centre P du cercle passant par les trois points B, C, D, le point P sera le pied de la perpendiculaire. Car si on abaisse du point A une perpendiculaire sur le plan donné, son pied, devant être à égale distance des points B, C, D, est nécessairement en P.

Toute parallèle à une perpendiculaire sur un plan est aussi perpendiculaire au plan.

11. Soit AB une droite perpendiculaire à un plan, CD une parallèle à cette droite (fig. 8). Le plan des deux parallèles coupe le plan donné suivant une droite BD perpendiculaire à chacune d'elles ; il faut faire voir que CD est encore perpendiculaire à une autre droite située dans le plan donné. Pour cela menons dans le plan donné DE

perpendiculaire sur DB; si on joint au point D un point quelconque A de AB, on sait (§ 9) que AD est perpendiculaire sur ED; donc la ligne DE, perpendiculaire à DB et à DA, est perpendiculaire au plan ADB et par conséquent à la droite DC située dans ce plan et réciproquement CD est perpendiculaire à DE. Donc CD est perpendiculaire au plan donné.

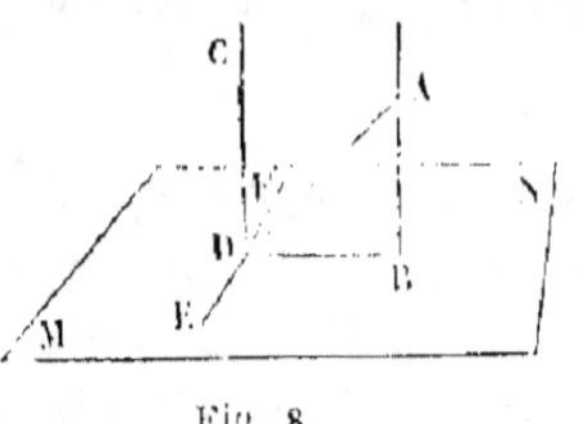

Fig. 8.

Deux perpendiculaires à un même plan sont parallèles.

12. Soient les deux droites AB, CD perpendiculaires à un même plan (fig. 8). Si AB n'était pas parallèle à CD, on pourrait mener par le point B une parallèle à CD, qui serait perpendiculaire au plan d'après le théorème précédent; donc, puisqu'en un point on ne peut élever qu'une perpendiculaire à un plan, cette parallèle coïncide avec BA.

Un plan est horizontal quand il contient deux perpendiculaires à la verticale, non parallèles entre elles.

13. On sait que la verticale en un point est déterminée par la direction du fil à plomb. En des points peu éloignés l'un de l'autre, toutes les verticales sont parallèles. Un plan horizontal mené par un point est un plan perpendiculaire à la verticale qui passe par ce point ou un point voisin. Pour reconnaître qu'un plan est horizontal, il suffit de reconnaître que deux droites menées dans ce plan sont perpendiculaires à une verticale, pourvu toutefois que les deux droites considérées ne soient pas parallèles. On sait en effet qu'un plan est perpendiculaire à une droite quand il contient deux perpendiculaires à cette droite menées en un de ses points ou, ce qui revient au même, quand ce plan contient une perpendiculaire à cette droite

et une perpendiculaire menée dans une autre direction à une parallèle à cette droite.

Si donc on pose un niveau de maçon ou un niveau à bulle d'air sur un plan dans deux directions différentes et si ces deux directions sont horizontales, le plan sera horizontal.

Niveau de coté : son emploi.

14. Il est quelquefois nécessaire de reconnaître si une droite est verticale dans des conditions où l'emploi du fil à plomb est impossible. On y arrive en s'assurant qu'un plan que l'on sait être perpendiculaire à cette droite est lui-même horizontal. Rien n'est plus facile lorsqu'un niveau peut être posé sur le plan. Imaginez qu'un niveau à bulle d'air soit disposé sur une des branches d'une équerre; si l'autre bran- 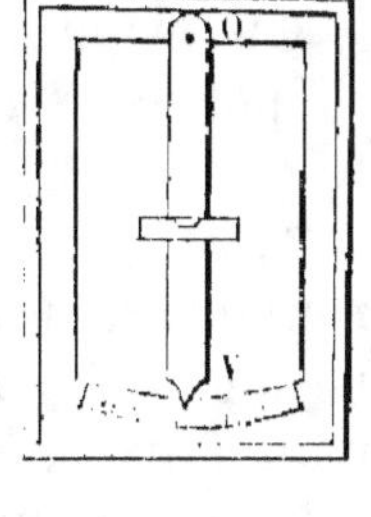 che est verticale, la première sera hori- zontale; et réciproquement si la seconde branche reste horizontale tandis que l'é- querre tourne autour de la seconde bran- che, celle-ci sera verticale. Tel est le principe du niveau de côté. Il se compose d'un rectangle métallique (fig. 9) qui porte une tige OV mobile à frottement autour du point O et dont l'extrémité parcourt un arc divisé. Le niveau est fixé sur cette tige

Fig. 9.

perpendiculairement à sa direction et il est réglé de façon que le côté inférieur du rectangle étant horizontal, la bulle soit au milieu du tube et l'extrémité V au zéro des divisions de l'arc.

Plan vertical, horizontal, incliné.

15. Nous avons dit qu'un plan horizontal est un plan perpendiculaire à la verticale. On nomme plan vertical un plan qui contient une verticale. Un plan qui n'est ni horizontal ni vertical est un plan incliné.

Les perpendiculaires à un plan vertical sont horizontales, puisqu'elles sont perpendiculaires à la verticale qui passe par leur pied dans le plan, et réciproquement, si la perpendiculaire à un plan est horizontale, le plan est vertical, car il contient la verticale menée par le pied de la perpendiculaire. Le niveau de côté permettra donc aisément de reconnaître si un plan est vertical et d'en mesurer la pente quand on a reconnu qu'il n'est ni vertical ni horizontal (§ 25).

Élévation, coupe ou profil, plan par terre ou projection horizontale d'un bâtiment.

On *projette* un point sur un plan en abaissant de ce point une perpendiculaire sur le plan. Le pied de la perpendiculaire se nomme la *projection* du point.

On projette une ligne en projetant un nombre suffisant de points de cette ligne et les joignant.

16. On appelle *élévation* d'un édifice le dessin nécessairement réduit de la projection de toutes les lignes d'une façade de l'édifice sur un plan parallèle à la façade. On peut faire autant d'élévations différentes qu'il y a de façades. Ce même mode de représentation s'applique à tout objet qui présente une face principale dont le dessin peut donner une certaine connaissance de l'objet lui-même.

Lorsque l'objet n'est pas suffisamment représenté par une élévation, on en ajoute d'autres. La projection des lignes de l'objet sur un plan horizontal est ce que l'on nomme le *plan* de l'objet, le *plan par terre* ou la *projection horizontale*.

Enfin, quand la configuration intérieure n'est pas accusée par la forme extérieure, on suppose l'objet coupé par un plan et l'une des parties enlevée, on représente le plan de l'autre partie et on a ce qu'on nomme une *coupe* ou un *profil*.

Les figures 12, 11 et 10, représentent l'élévation d'une

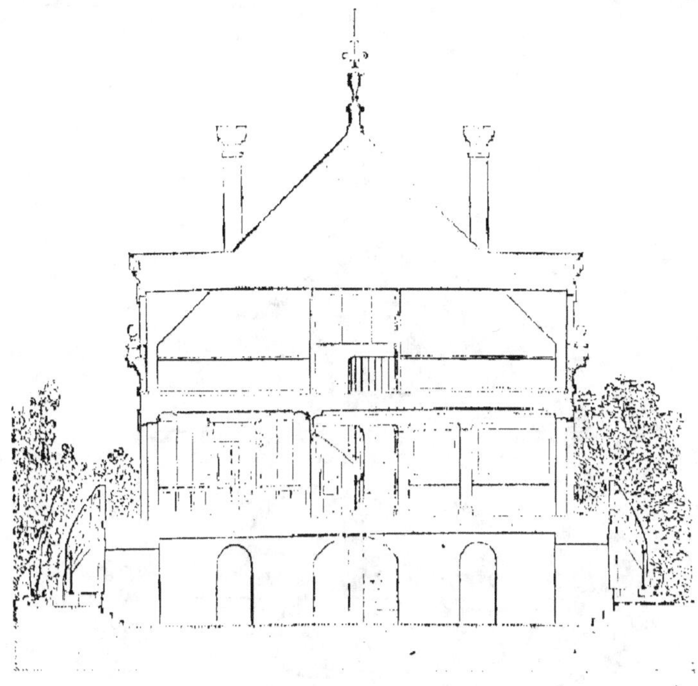

Fig. 10.

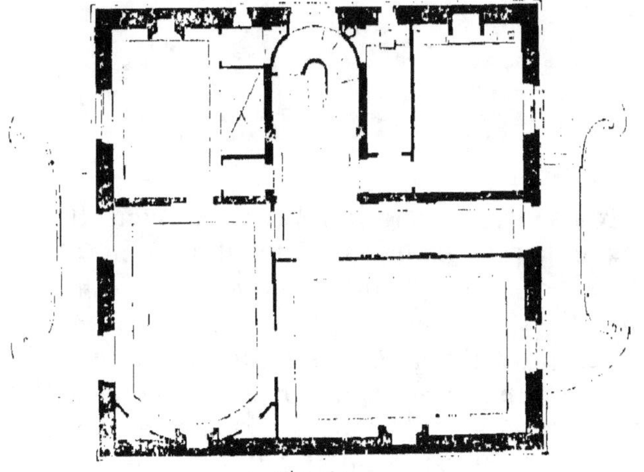

Fig. 11.

maison, le plan du rez-de-chaussée et une coupe verticale

La figure 9 représente l'élévation du niveau et une coupe horizontale.

Fig. 12.

Droite parallèle a un plan.

17. Nous avons examiné précédemment les droites perpendiculaires ou obliques à un plan. A mesure qu'une oblique AB s'écarte davantage du pied de la perpendiculaire AP (fig. 7), l'angle BAP augmente et se rapproche de plus en plus d'un angle droit ; quand il devient droit, l'oblique est une *parallèle* au plan. On peut définir immédiatement une droite parallèle à un plan en disant que cette droite est telle qu'elle ne rencontre pas le plan quelque loin qu'on prolonge le plan et la droite.

Une droite parallèle à une droite contenue dans un plan est parallèle au plan lui-même ou est située dans ce plan.

18. Soit une droite AB que l'on suppose parallèle à une droite CD située dans un plan donné (fig. 13). Ces deux droites étant dans un même plan ABCD, la droite AB ne peut rencontrer le plan donné, dans lequel se trouve CD, sans rencontrer en même temps CD. Or AB ne ren-

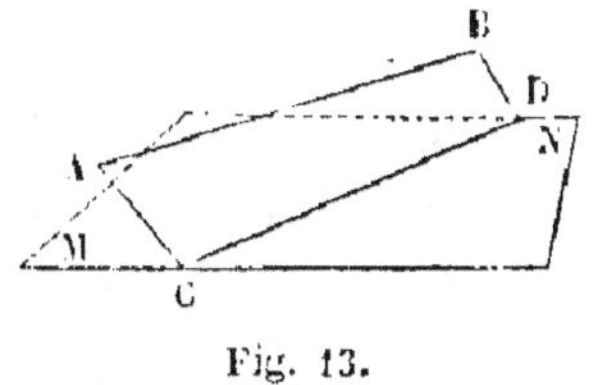

Fig. 13.

contre pas CD par hypothèse; donc elle ne rencontre pas le plan.

La seconde partie de la proposition est évidente.

L'intersection de deux plans est une ligne droite. Les arêtes des corps terminés par des surfaces planes sont des lignes droites.

19. Si en effet cette intersection présentait trois points non en ligne droite, les deux plans se confondraient (§ 1) puisque par trois points non en ligne droite, on ne peut faire passer qu'un plan.

C'est sur cette propriété que nous nous sommes appuyés pour obtenir un ligne droite. Comme un grand nombre de pièces de toute nature sont terminées par des faces planes, elles présentent en même temps des lignes ou arêtes droites. Toutefois, dans un grand nombre de circonstances, on *adoucit* un peu l'arête d'intersection des deux faces planes.

L'intersection de deux plans verticaux est une verticale. Moyen de planter des jalons...

20. Car si, par un point A de l'intersection des deux plans (fig. 14), on mène une verticale, comme elle doit se trouver à la fois dans les deux plans, elle se confond

avec leur intersection. D'après cela on s'assurera qu'une droite est verticale en examinant si elle se trouve à la

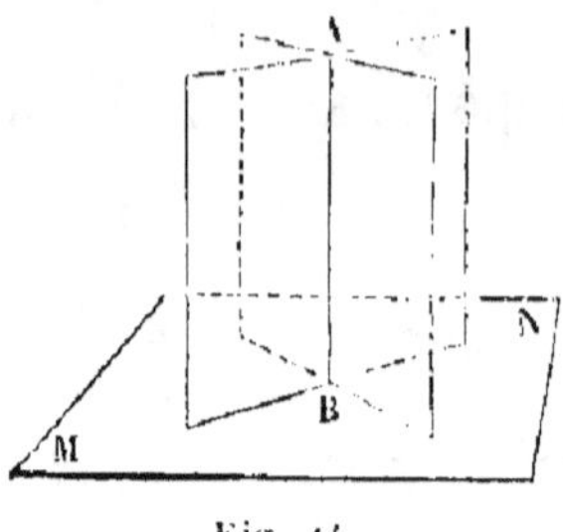

Fig. 14.

fois dans deux plans verticaux quelconques. Les rayons lumineux qui parviennent à l'œil en rasant un fil à plomb sont dans un même plan vertical; une ligne cachée par le fil à plomb sera donc dans ce plan vertical. Déplacez-vous, vous déterminez de cette façon un nouveau plan vertical; si la ligne en question est encore cachée par le fil à plomb convenablement disposé, cette ligne située à la fois dans deux plans verticaux est verticale. Toutes les fois que l'on établit un support de quelque nature qu'il soit, il faut, s'il doit résister à un effort considérable ou permanent, que ce support soit bien vertical. La stabilité des constructions est subordonnée à la précision avec laquelle cette condition est remplie. Lorsque les supports ne sont pas placés verticalement, leurs dimensions sont alors beaucoup plus considérables et d'autres pièces sont destinées à contrebalancer l'inclinaison qu'on a dû donner aux supports par des raisons de convenance.

Quand on jalonne une ligne droite sur le terrain, si les jalons sont bien placés, ils sont tous dans un même plan vertical. Ce plan vertical coupe le sol suivant une ligne qui suit les ondulations du terrain. Si le sol est plan, la ligne déterminée est droite.

L'intersection d'un plan horizontal et d'un plan quelconque est horizontale.

21. C'est une conséquence de la définition donnée de la droite horizontale : on sait qu'on appelle ainsi une droite située dans un plan horizontal. Ainsi, quand une surface plane est partiellement baignée par l'eau, la ligne d'intersection de ce plan avec la suface de l'eau est une horizontale (fig. 15.) Les planchers, les plafonds des appartements étant des plans horizontaux, les plans

Fig. 15.

qui les rencontrent donnent des intersections horizontales.

Angle de deux plans.

22. Nous avons dit en géométrie plane que deux droites issues d'un même point forment entre elles une figure que l'on nomme un *angle plan*. De même, deux plans menés par une même droite forment un *angle dièdre*. Les plans sont les *faces* du dièdre, la droite en est l'*arête*. Pliez en deux une feuille de carton, dès que vous ouvrez le pli, les deux parties du carton forment un angle dièdre, nul d'abord, puis croissant.

Supposez l'une d'elles prolongée et représentée par le plan MN (fig. 16); tandis que l'autre tourne autour de AB, l'angle dièdre formé avec la partie ABN du plan augmente, celui qui est formé

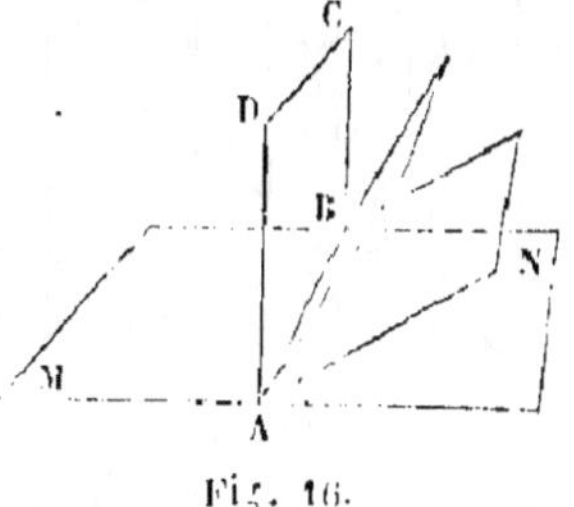

Fig. 16.

avec la partie ABM diminue et le second d'abord plus grand que le premier finit par devenir moindre; il y a donc une certaine position ABCD du plan mobile pour laquelle les deux dièdres sont égaux : ces dièdres sont dits *droits*.

Mesure de l'angle de deux plans.

23. Un angle dièdre ne peut être mesuré que s'il est comparé à un autre angle dièdre; cet angle dièdre qui sert de terme de comparaison est l'angle dièdre droit. Toutefois, nous allons voir que la comparaison des angles dièdres revient à celle d'angles plans formés par des droites tracées d'une façon particulière dans les plans donnés.

Étant donné un angle dièdre, menez par un point de son arête et dans chacune des faces une perpendiculaire à cette arête; ces deux perpendiculaires forment entre elles un angle plan *correspondant* à l'angle dièdre donné. On voit de suite que si deux angles dièdres sont égaux, c'est-à-dire peuvent se superposer, leurs angles plans sont aussi égaux. Réciproquement, si deux angles plans sont égaux, les dièdres qui leur correspondent sont égaux.

En particulier, les deux angles plans correspondants à deux dièdres droits sont égaux. Or ces deux angles égaux sont précisément deux angles adjacents formés par une droite qui en rencontre une autre; donc ils sont droits.

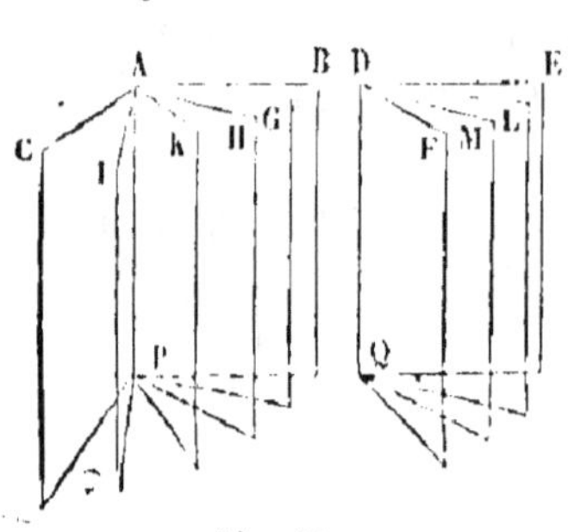

Fig. 17.

Ainsi *l'angle plan correspondant à l'angle dièdre droit est un angle droit.*

Le rapport de deux angles dièdres est égal au rapport des angles plans correspondants.

Car si un angle dièdre CAPB (fig. 17) contient 5 fois, par exemple, un certain dièdre qui serait contenu 3 fois dans un autre dièdre donné EDQF, le rapport des deux dièdres est de 5 à 3. Mais l'angle plan BAC correspondant au premier dièdre contient aussi 5 fois l'angle plan correspondant au dièdre unité, et l'angle plan EDF correspondant au second dièdre contient 3 fois ce même angle plan; donc le rapport des deux angles plans est aussi celui de 5 à 3. Donc le rapport de deux angles dièdres est égal au rapport des angles plans correspondants.

En particulier :

Le rapport d'un dièdre au dièdre droit est égal au rapport de l'angle plan du premier dièdre à l'angle droit.

La mesure des angles dièdres se trouve ainsi ramenée à celles des angles plans. Dire qu'un dièdre vaut $\frac{2}{3}$, $\frac{37}{90}$ d'un dièdre droit, c'est dire que son angle plan vaut $\frac{2}{3}$, $\frac{37}{90}$ d'angle droit ou 60°, 37°.

Les lignes de plus grande pente d'un plan incliné sont perpendiculaires à ses horizontales.

24. Soit N un plan incliné (fig. 18) et M un plan horizontal. Ces deux plans se coupent suivant l'horizontale CD. Prenons dans le plan incliné un point quelconque A. On peut, dans le plan, mener par ce point une perpendiculaire AB sur l'horizontale CD. Cette ligne AB se nomme la *ligne de plus grande pente* du plan, et voici ce que cela signifie.

Abaissons du point A une perpendiculaire AP sur le plan horizontal et joignons PB; PB se nomme la *projection* de AB sur ce plan. Soit AE une autre droite quelconque du plan N, PE sa projection; nous allons montrer que l'angle ABP, que fait avec sa projection la perpendiculaire AB sur CD, est plus grand que l'angle AEP que fait avec sa projection une ligne quelconque AE oblique sur CD.

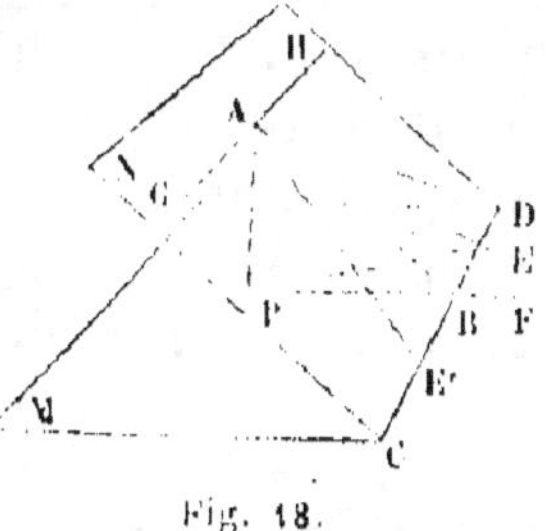

Fig. 18.

Pour cela, il suffit d'observer que PB étant perpendiculaire sur CD (§ **9**), PE est plus grand que PB; il en résulte que si on prend PF égal à PE, le point F est sur le prolongement de PB. Or, dans le triangle ABF, l'angle extérieur ABP est plus grand que l'angle AFB ; mais l'angle AFB est égal à l'angle AEP, puisque les lignes AE, AF s'écartent également du pied de la perpendiculaire AP ; donc l'angle ABP est plus grand que AEP.

La ligne AB s'appelle, pour cette raison, la ligne de plus grande pente du plan N. Il est évident qu'elle est perpendiculaire aussi à l'horizontale GH menée par le point A, puisque GH est parallèle à CD.

Rampes au trentième, au cinquantième, etc.

25. L'angle ABP, que fait avec le plan horizontal la ligne de plus grande pente AB du plan N, n'est pas autre chose que l'angle plan qui mesure le dièdre NCDM, c'est-à-dire l'inclinaison du plan N sur le plan horizontal. Lorsqu'il s'agit de routes non horizontales, ou rampes, l'inclinaison de la route est ordinairement définie par sa ligne de plus grande pente. Cette ligne a toujours la même direction que la route ou, ce qui revient au même, les horizontales de la rampe lui sont perpendiculaires. Cette condition est nécessaire à la stabilité des voitures ; car les essieux devant toujours rester horizontaux, comme leur direction est perpendiculaire à celle de la route, il faut que les horizontales de la rampe soient perpendiculaires à sa direction.

On appelle *pente* d'une droite AB le rapport $\dfrac{AP}{BP}$, c'est-à-dire le rapport de la hauteur dont on s'élève au chemin horizontal parcouru. Si donc on s'élève d'un mètre sur une rampe pour un parcours horizontal de 30 mètres, on dit que la pente est de 1 trentième.

Au lieu de considérer un chemin horizontal quelconque on suppose ordinairement que ce chemin est de 1 mètre ; on définit alors la pente par la hauteur dont on s'élève par mètre. Une rampe au cinquantième est donc une rampe dont la pente est de 2 centimètres.

Un plan qui contient une droite perpendiculaire à un autre plan est aussi perpendiculaire à ce dernier.

26. Soit AP une droite perpendiculaire au plan MN (fig. 19), ABC un plan passant par la ligne AP; menons PD perpendiculaire à BC, l'angle APD est un angle droit; or cet angle mesure le dièdre NBCA, donc le plan ABC est perpendiculaire au plan MN.

Et réciproquement,

Si un plan ABC est perpendiculaire à un plan MN, une perpendiculaire menée au plan MN par un point du plan ABC est tout entière dans ce plan.

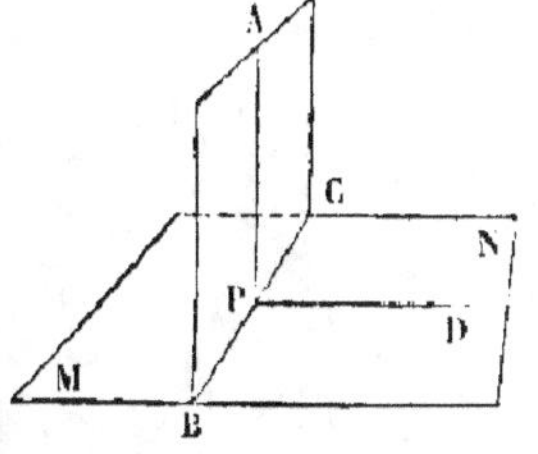

Fig. 19.

Car, soit A un point du plan, menez AP perpendiculaire sur BC, AP sera perpendiculaire au plan MN, puisqu'elle est à la fois perpendiculaire sur PB et sur PD; donc la perpendiculaire menée du point A au plan MN coïncide avec AP.

Le raisonnement serait le même si on supposait le point A sur l'intersection BC des deux plans.

Tout plan vertical est perpendiculaire au plan horizontal qu'il rencontre.

27. Un plan vertical étant, par définition, un plan qui contient une verticale, c'est-à-dire une perpendiculaire au plan horizontal, on voit que deux plans, l'un vertical, l'autre horizontal, sont perpendiculaires entre eux.

Quand deux plans qui se coupent sont perpendiculaires à un troisième, leur intersection est perpendiculaire au troisième.

28. Car si par un point de l'intersection des deux plans (fig. 14) on mène une perpendiculaire au troisième, cette perpendiculaire devant se trouver à la fois dans chacun des deux plans (§ 26, Réc.), coïncide nécessairement avec leur intersection.

C'est en appliquant les principes précédents que le tailleur de pierre exécute un parement d'équerre sur un autre, etc.

29. Lorsqu'un tailleur de pierre veut tailler sur un bloc deux faces perpendiculaires entre elles, il commence par dresser une face. Puis,

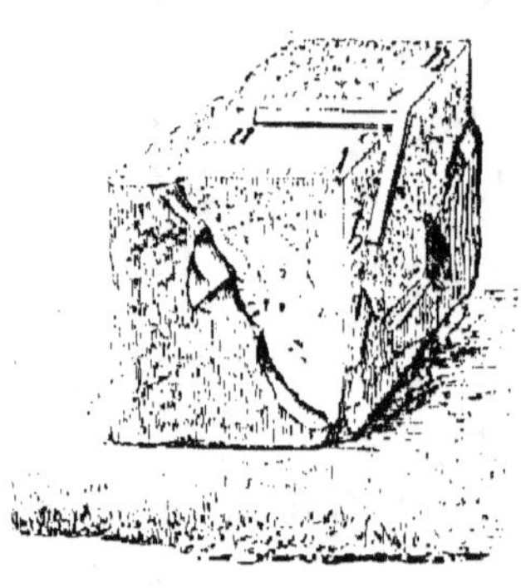

Fig. 20.

ayant tracé sur cette face la ligne AB suivant laquelle cette face doit être coupée par la seconde, il taille celle-ci en guidant son travail à l'aide de l'équerre. Pour cela, il applique sur la face dressée perpendiculairement à AB l'un des côtés *oa* de l'équerre, l'autre côté *ob* doit s'appliquer sur la seconde face. Car cette face est perpendiculaire à *oa*, et par conséquent contient *ob* dans toutes ses positions autour de *oa*.

Si l'on veut tailler un troisième parement perpendiculaire à chacun des deux autres, il suffit de tracer les deux lignes AC, AD dans les deux premières faces perpendiculairement à AB; le plan DAC sera perpendiculaire à AB, et par conséquent aux deux premiers parements.

PLANS PARALLÈLES.

30. On nomme plans *parallèles* deux plans qui ne se rencontrent pas, quelque loin qu'on les suppose prolongés. Versez de l'eau dans un vase de verre, puis de l'huile (fig. 21). Si vous évitez de produire une trop grande agitation les deux liquides ne se mêlent point;

vous voyez la surface de l'eau se terminer par un plan sur lequel repose la couche d'huile, terminée aussi par un plan; ces deux plans sont parallèles. Quelque loin qu'on les suppose prolongés, ils ne se rencontrent pas.

En effet, ces deux plans sont perpendiculaires à la verticale (§ 16); s'ils pouvaient avoir un point commun O, en joignant le point O aux points A et B, où une verticale les rencontre, on aurait, d'un

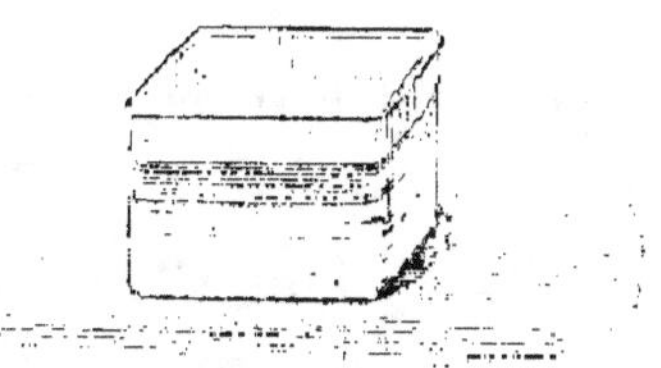

Fig. 21.

point O, deux perpendiculaires OA, OB à cette verticale, ce qui est impossible. Ainsi, en un même lieu,

Tous les plans horizontaux sont parallèles.

On énonce d'une manière plus générale la propriété qui précède en disant :

Deux plans perpendiculaires à une même droite sont parallèles.

51. Cette proposition, ainsi que nous venons de le voir, est une conséquence de cette autre :

D'un point pris hors d'une droite, on ne peut abaisser deux perpendiculaires sur cette droite.

Le lieu géométrique des parallèles menées à un plan par un point B situé hors du plan est un plan parallèle au premier.

En effet, abaissez du point B une perpendiculaire BA sur le plan donné (fig. 22); par le point A, menez dans ce plan un droite quelconque AC, et par le point B une droite BD parallèle à AC, la droite BD sera perpendiculaire

Fig. 22.

à BA; donc, si AC tourne autour du point A dans le plan MN, la parallèle BD décrit aussi un plan. Ce plan est perpendiculaire à BA et par conséquent parallèle au plan MN.

Ainsi deux parallèles à un plan menées par un point déterminent un plan parallèle au premier.

Les intersections de deux plans parallèles par un troisième sont parallèles.

52. Soient AB, CD (fig. 23) les intersections de deux plans parallèles PQ, MN par un troi-sième. Si AB n'était pas parallèle à CD, ces deux lignes se rencontre-raient puisqu'elles sont dans un même plan; dès lors les plans MN, PQ se rencontreraient aussi, ce qui est contraire à ce que l'on a sup-posé. Donc AB est parallèle à CD.

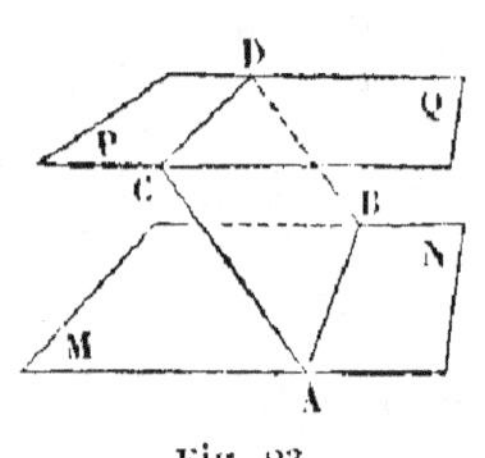

Fig. 23.

Une droite perpendiculaire à un plan est perpendiculaire à tout plan parallèle au premier.

53. Soit AB une droite perpendiculaire au plan MN (fig. 22), je dis qu'elle est perpendiculaire au plan PQ, parallèle à MN.

Menons, en effet, par le point A une droite quelconque AC dans le plan MN; le plan BAC coupe le plan PQ sui-vant une droite BD parallèle à AC (§ 55). Or l'angle BAC est droit, donc l'angle ABD est aussi un angle droit. Ainsi la ligne AB fait un angle droit avec une droite quelconque BD menée par son pied dans le plan PQ; donc elle est perpendiculaire au plan PQ.

Il résulte de là que

Deux plans parallèles à un troisième sont parallèles entre eux, puisqu'ils sont perpendiculaires à une même droite.

On voit aussi que

Par un point on ne peut mener qu'un seul plan parallèle à un plan donné.

Des droites parallèles terminées à des plans parallèles sont égales.

54. Soient AD, BE, CF (fig. 24) des droites parallèles terminées à des plans parallèles MN, PQ. Le plan ADBE de deux d'entre elles, coupe les deux plans donnés suivant les droites AB, DE qui sont parallèles (§ 55); donc la figure ADEB est un parallélogramme. Donc AD est égal à BE. De même CF est égal à AD.

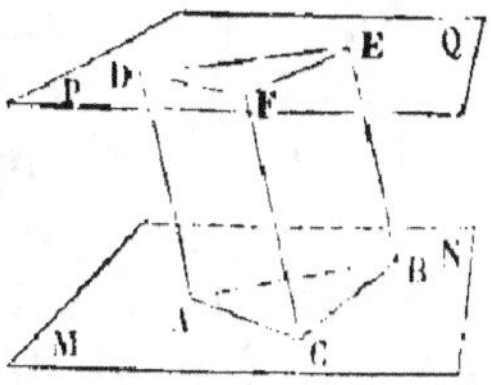

Il est bon de remarquer que si l'on joint les points A, B, C d'une part, D, E, F d'autre part, on forme deux triangles égaux comme ayant les trois côtés égaux. D'où l'on conclut que :

Fig. 24.

55. *Si deux angles* ABC, DEF, *ont leurs côtés parallèles, ils sont égaux.*

Les droites AD, BE, etc., parallèles entre elles peuvent être en même temps perpendiculaires aux plans MN, PQ. On en conclut que :

Deux plans parallèles sont partout à la même distance l'un de l'autre.

56. Cela signifie que la distance d'un point de l'un des plans à l'autre est toujours la même, quel que soit le point considéré. C'est cette distance que l'on appelle la distance des deux plans.

Application ! Les deux meules d'un moulin à farine, le rabot mécanique de Brunel, la scie à receper les pieux sous l'eau.

57. Les plans parallèles se rencontrent très-fréquemment dans les applications. Nous avons déjà dit que les plans horizontaux sont des plans parallèles. Pour qu'un corps posé sur un plan poli y demeure, il faut que le plan soit horizontal; sinon, le corps obéissant à l'action de la pesanteur roulera ou glissera sur le plan; il faut donc que le plan d'un plancher, celui d'une table ou d'un support soit horizontal.

Mais un plan ne peut suffire à limiter un corps. Le plus souvent le corps est terminé à un second plan parallèle au premier. Tel est le cas d'un mur, d'un plancher, de la plupart des pièces de bois qui entrent dans les constructions soit des charpentes, soit des meubles.

Les planches de bois, de fer, de.cuivre, les feuilles de tôle, de carton, de papier, d'or, etc., sont limitées à deux plans parallèles. La distance des deux plans est l'*épaisseur* de la pièce. Cette épaisseur est très-variable suivant la destination des matériaux et leur nature. Les feuilles d'or employées pour dorer le bois, etc., ont une épaisseur excessivement petite; il en faut plus de dix mille pour faire une épaisseur d'un millimètre.

Lorsqu'on veut s'assurer que deux plans qui terminent une pièce sont parallèles, on mesure leur distance ou l'épaisseur de la pièce en divers points. Il suffit de la mesurer en trois points, si l'on est assuré que les deux surfaces sont bien planes.

D'autres fois, on cherche à reconnaître que les deux plans considérés sont bien perpendiculaires à une même droite.

58. Les deux meules d'un moulin à farine sont placées de manière que leurs faces planes soient bien perpendiculaires à l'axe de rotation de la meule supérieure. L'une des meules, que l'on nomme la meule *gisante*, repose sur un plancher solidement construit. On la place de façon que sa surface supérieure soit parfaitement horizontale. Elle est traversée par un arbre vertical en fonte qui supporte la meule *courante*, à laquelle il imprime un mouvement de rotation rapide. La surface de la meule doit être bien perpendiculaire à la direction de l'arbre pour que l'écartement des meules soit partout le même, ce qui est une condition indispensable d'une

bonne mouture. Le grain est amené entre les meules par la partie centrale, au moyen de l'engreneur. Il est

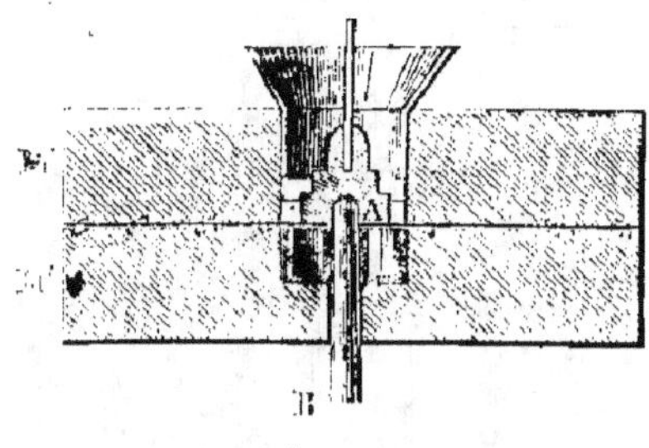

Fig. 25.

broyé entre les meules dont la surface est creusée de petits sillons. Le mouvement de rotation conduit la farine à la circonférence de la meule où elle est reçue dans un récipient convenable.

Brunel, ingénieur français, avait imaginé un rabot assez compliqué pour dresser des pièces de bois. On fait aujourd'hui des appareils plus simples, exactement sur le même principe et dont les usages sont excessivement variés.

Veut-on produire, par exemple, dans une pièce de bois, un sillon dont le fond soit plan et parallèle à la face de la pièce ?

Un arbre vertical libre à sa partie inférieure est animé d'un mouvement de rotation très-rapide. L'extrémité inférieure est armée d'un outil, tranchant sur le côté et perpendiculairement à la direction de l'arbre, assez semblable du reste aux mèches plates du vilebrequin. La pièce en ouvrage dressée sur une face repose par cette face sur une plate-forme horizontale qui peut s'abaisser ou s'élever au gré de l'ouvrier, et qui est disposée au-dessous de l'outil. L'ouvrier élève la plate-forme, l'outil fait dans la pièce un trou, on fixe alors la plate-forme, et faisant glisser la pièce sur la plate-forme, l'outil taille dans le bois un sillon dont le fond est un plan horizontal, puisque tous les points de ce plan sont à la même distance de la plate-forme. On peut ainsi, à l'aide de cet outil, faire des fonds plats dans une pièce de bois donnée et les terminer à tel contour que l'on voudra (fig. 26).

Fig. 26.

On fait depuis longtemps un grand usage de scies dont la lame se meut entre des guides fixes, ordinairement dans un plan vertical. La pièce à diviser en planches est portée sur une sorte de chariot mobile, guidé aussi dans son mouvement dont la direction est perpendiculaire à celle de la lame de la scie et dans le plan de cette lame.

Souvent plusieurs lames parallèles se meuvent simultanément et divisent immédiatement la pièce en un certain nombre de planches dont l'épaisseur est égale à l'écartement des lames.

On emploie fréquemment, dans un grand nombre de cas, la scie circulaire. La lame de la scie, plus forte que dans la scie droite, est montée perpendiculairement à un arbre dont elle reçoit un mouvement de rotation rapide. Cet arbre est situé au-dessous d'une plate-forme horizontale qui donne passage à un segment de la scie ; c'est à ce segment que sont présentées les pièces de bois, ordinairement déjà dressées sur deux faces à la scie droite. Ces pièces sont appuyées latéralement contre un guide et par là reçoivent une largeur constante.

On ne saurait décrire ici toutes les machines qui servent à déterminer un plan parallèle à un autre plan, ou dont la construction repose sur le parallélisme de deux plans, et nous bornerons là ces exemples.

Il nous reste encore à ajouter une propriété simple des plans parallèles et qui consiste en ce que :

Des droites coupées par plus de deux plans parallèles sont divisées en parties proportionnelles.

59. Soient trois plans MN, PQ, RS (fig. 27) et deux droites AB, CD ; joignons AD. Ces trois droites rencontrent le plan PQ aux points E, F, G. Or dans le plan ABD les droites BD, EG sont parallèles (§ 32); de même, dans le plan DAC, les droites AC, FG sont aussi parallèles. Il en résulte, d'après une propriété

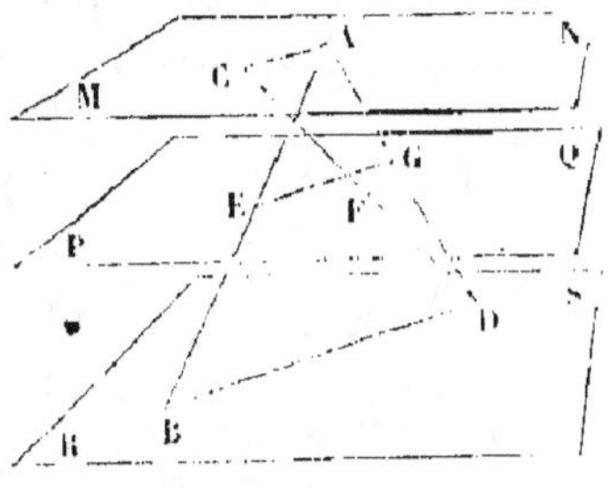

Fig. 27.

démontrée dans la géométrie plane (§ 97), que l'on a

$$\frac{AE}{AG} = \frac{EB}{GD} \text{ et } \frac{CF}{AG} = \frac{FD}{GD};$$

donc

$$\frac{AE}{CF} = \frac{EB}{FD}.$$

En particulier :

Deux plans parallèles déterminent sur des droites issues d'un même point des segments proportionnels.

PRISME.

40. On appelle *polyèdre* un corps terminé par des plans.

Pour terminer un corps, il faut au moins quatre plans. Il en faut cinq si deux de ces plans sont parallèles et six lorsque deux couples de plans sont parallèles. De même que dans la géométrie plane on ne s'arrête pas à la considération des polygones quelconques, de même nous ne considérerons ici que des solides terminés par des plans assujettis à certaines conditions.

Les portions de plan qui limitent le solide se nomment les *faces*; les droites d'intersection des faces se nomment les *arêtes* et les points d'intersection des arêtes se nomment les *sommets* du polyèdre. Pour déterminer un sommet, il faut au moins trois plans : ces plans forment entre eux un *angle solide*.

Tracez dans un plan un polygone quelconque ABCDE (fig. 28); dans un autre plan, parallèle au premier, menez A′ B′ égal et parallèle à AB, B′ C′ égal et parallèle à BC, etc.; vous formerez un polygone A′ B′ C′ D′ E′ qui est dit égal et parallèle au premier. Imaginez par ABA′ B′ un plan, par BC et B′ C′ un autre plan, etc. Le polyèdre limité aux deux polygones d'une part et d'autre part à la suite de parallélogrammes obtenus par la construction indiquée se nomme un *prisme*.

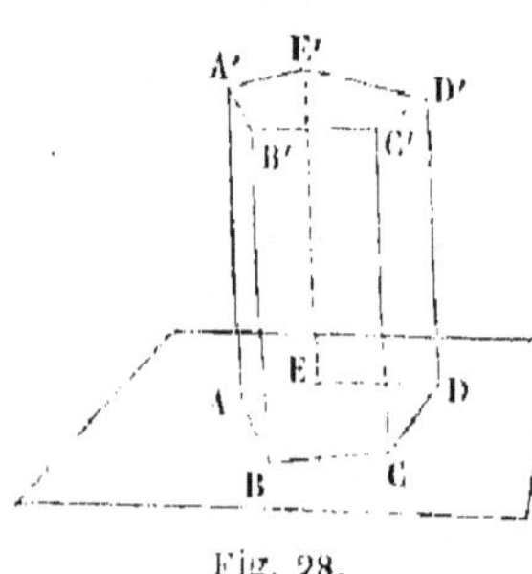
Fig. 28.

Les deux faces égales et parallèles se nomment les *bases* du prisme; les parallélogrammes en forment les *faces latérales*; ces faces latérales se coupent suivant les arêtes *latérales*. La distance des plans des deux bases se nomme la *hauteur* du prisme.

**Prisme droit, oblique, triangulaire, etc.
Prisme tronqué.**

41. Lorsque les arêtes d'un prisme sont perpendiculaires aux plans des bases , le prisme est *droit*, la hauteur est alors égale à l'arête latérale et les faces latérales sont des rectangles.

Lorsque les arêtes sont obliques au plan des bases, le prisme est *oblique*.

La base du prisme définit l'espèce du prisme. Ainsi, un prisme est *triangulaire*, *qua-drangulaire*, *hexagonal*, etc., suivant que sa base est un triangle, un quadrilatère, un hexagone, etc. On voit dans la figure 29 un prisme hexagonal régulier droit, et un prisme triangulaire obli-que.

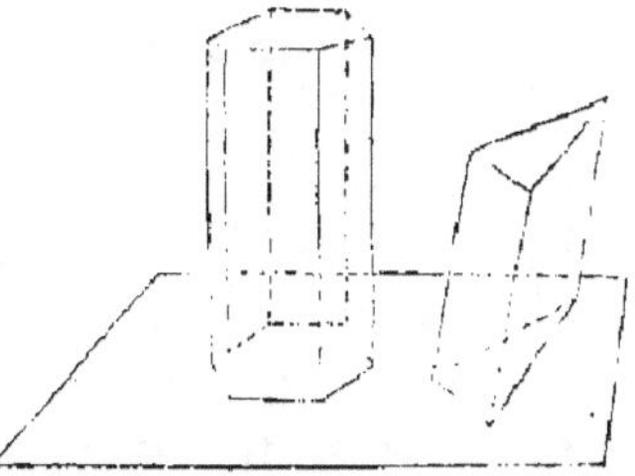

Fig. 29.

On nomme prisme *tronqué* ou *tronc de prisme* l'un des solides obtenus en coupant un prisme par un plan qui rencontre toutes les arêtes laté-rales et qui n'est pas parallèle aux bases.

Dessiner un prisme droit complet, un prisme droit tronqué, un prisme oblique complet.

42. Il est impossible de dessiner un corps sur un plan à moins de conventions spéciales. Les figures données dans le texte représentent ce que l'on nomme des *per-spectives* des corps, et ce n'est pas ici le lieu d'indiquer comment on les obtient géométriquement ; je me borne-rai à les définir. Imaginez un prisme solide, en bois par exemple, posé sur une table et, au devant de ce prisme, un plan vertical transparent, une vitre à travers laquelle vous apercevez le prisme. Regardez le prisme d'un point fixe, et dessinez sur la vitre en suivant en quelque sorte les arêtes, comme s'il s'agissait de calquer. Le des-sin obtenu est la *perspective* du prisme. Ce dessin est donné par l'intersection du plan de la vitre qu'on nomme le plan du tableau, avec une ligne droite issue de l'œil et s'appuyant sur les arêtes du solide.

De même, si, vous plaçant derrière la vitre d'une fe-nêtre, l'œil en un point parfaitement fixe, vous dessinez sur la vitre les objets extérieurs, en suivant leurs con-tours, le dessin obtenu est une perspective.

Il est clair que cette perspective change avec la position de l'œil et qu'on peut ainsi obtenir diverses *vues* d'un même objet.

Dessin d'un prisme. Plan et élévation.

45. La perspective d'une figure en montre bien le relief, mais elle ne se prête pas aisément aux mesures. Si l'on veut dessiner un prisme de façon à pouvoir en mesurer la dimension, on figure séparément sa base et la projection de ses arêtes sur un plan parallèle à leur di-

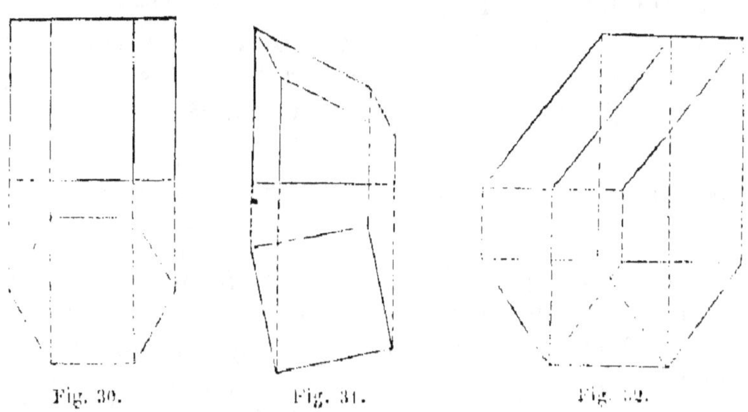

Fig. 30.   Fig. 31.   Fig. 32.

rection. En d'autres termes, on trace le plan et l'élévation (§ 18). On peut encore considérer ces deux dessins comme les perspectives du prisme sur un plan horizontal et sur un plan vertical pour un observateur très-éloigné au-dessus du plan horizontal ou en avant du plan vertical.

Les figures 30, 31, 32 représentent, la première un prisme hexagonal, la seconde un tronc de prisme à base carrée terminé par un losange, la troisième un prisme triangulaire oblique. Dans cette dernière on a figuré les deux bases sur le plan horizontal, parce que leurs projections ne se superposent pas. L'inclinaison des arêtes sur le plan des bases est supposée de 52 degrés.

Toutes les fois que l'on veut représenter un objet, il convient de dessiner son élévation relativement à des plans qui soient parallèles à la majeure partie des lignes de l'objet. La représentation y gagne en simplicité, et on peut prendre un plus grand nombre de mesures.

Les charpentiers et les tailleurs de pierre, les menuisiers, les opticiens, etc., ont fréquemment à exécuter des prismes droits pleins ou creux.

44. L'exécution d'un prisme droit est très-facile. On dresse le plan de l'une des bases et sur ce plan on dessine la base. On taille ensuite des plans suivant les côtés de la base et perpendiculaires au plan de celle-ci : on obtient ainsi les arêtes latérales.

Il est quelquefois utile de dresser d'abord une face latérale, sur laquelle on dessine une arête, puis de tailler perpendiculairement à cette arête deux plans qui seront les bases du prisme et sur lesquels on dessine ces bases dont un sommet et un côté sont déjà définis.

Dans chaque cas particulier, il convient souvent d'employer des moyens spéciaux, trop nombreux pour être indiqués, et qui dépendent de la nature du corps à façonner en prisme, de la forme de la pièce dont on dispose, de ses dimensions, etc.

Ainsi le cartonnier pour faire une boîte, en coupe toutes les faces et les réunit ensuite. Le menuisier, pour construire une caisse, procède à peu près de la même façon.

Comme exemples de solides prismatiques triangulaires, on peut citer les couteaux d'acier qui supportent le fléau d'une balance, les prismes de verre à l'aide desquels on opère la décomposition de la lumière. Dans la construction, la charpente, on emploie fréquemment des solides prismatiques, mais dont la base est presque toujours un carré ou un rectangle. Dans l'ébénisterie une arête latérale est souvent remplacée par une petite face latérale ou pan coupé. Les poutres en fer, d'un usage si fréquent aujourd'hui, sont des prismes dont la base a la forme d'un **T**. Il est bien évident que ces pièces sont fabriquées par des moyens spéciaux à l'aide de machines que nous ne pouvons décrire ici. Disons seulement que les tiges métalliques de forme prismatique peuvent être très-aisément obtenues à l'aide de la filière ou des laminoirs qui ne sont qu'une disposition spéciale de la filière (§ 80). L'emploi de ce procédé repose sur la propriété suivante :

Les sections faites dans un prisme par des plans parallèles sont des polygones égaux.

45. On suppose, bien entendu, que ces plans ne sont pas parallèles aux arêtes latérales et qu'ils les rencontrent toutes.

Pour se rendre compte de l'égalité des polygones que déterminent dans un prisme deux plans parallèles, il suffit d'observer que ces polygones ont leurs côtés parallèles (§ 35) et égaux, comme parallèles comprises entre parallèles, qu'en outre leurs angles sont égaux, chacun à chacun (§ 56) ; donc ces polygones sont égaux.

En particulier, *les sections droites d'un prisme sont des polygones égaux*. On appelle section droite d'un prisme la section déterminée dans le prisme par un plan perpendiculaire à ses arêtes.

On peut donc considérer un prisme comme engendré par le mouvement d'un polygone dont les côtés restent constamment parallèles à eux-mêmes et dont un sommet décrit une ligne droite.

Ainsi, découpez dans une plaque suffisamment résistante une ouverture polygonale, faites mouvoir cette feuille dans les conditions que l'on vient d'indiquer, elle déterminera, dans une matière plastique disposée sous l'ouverture, un solide prismatique. Le même résultat sera atteint en laissant la plaque fixe et faisant mouvoir la matière plastique. Ce procédé de construction de solides prismatiques convenablement modifié reçoit les applications les plus variées, depuis la fabrication des pâtes alimentaires jusqu'à celle des poutres en fer.

Deux prismes sont égaux quand les trois faces d'un angle solide de l'un sont égales aux trois faces correspondantes de l'autre.

46. Tracez sur une feuille de carton la base ABCDE et les deux faces latérales ABF, ACG. qui forment avec la base l'angle solide A (fig. 33); découpez ce carton suivant les lignes tracées, sans sé-parer de la base les faces latérales; pliez chacune de ces faces, l'une sui-vant AB, l'autre suivant AE; vous pourrez arri-ver à faire coïncider les arêtes AF, AG; soit AH,

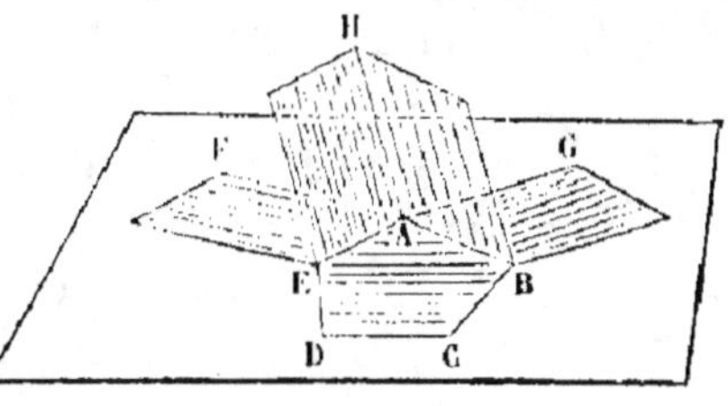

Fig. 33.

la droite suivant laquelle ces deux arêtes égales viennent coïncider; cette coïncidence cessera évidemment pour toute autre direction des faces mobiles. Donc, étant données les trois faces qui forment l'angle solide d'un prisme, celui-ci est complétement défini.

Il est clair qu'un prisme serait aussi défini par sa base et l'une de ses arêtes en grandeur et en direction.

Prismes symétriques.

47. Étant donnés un plan et un point A (fig. 34), si on abaisse du point A une perpendiculaire Aa sur le plan et qu'on la prolonge d'une longueur aA′ égale à Aa, le point A′ obtenu s'appelle le point symétrique de A par rapport au plan que l'on nomme plan de symétrie. On voit aisément que :

La ligne droite qui joint deux points est égale à la ligne qui joint leurs symétriques.

L'angle de deux droites est égal à l'angle de leurs symétriques.

La figure symétrique d'un plan est un plan.

L'angle de deux plans est égal à l'angle des plans symétriques.

L'angle solide que font trois plans est égal à l'angle solide des plans symétriques.

Si on considère un polyèdre quelconque et son symétrique, ces deux polyèdres ont tous leurs éléments égaux, mais ils ne peuvent pas généralement se superposer.

Tel est le cas d'un objet quelconque et de son image dans une glace. Les deux solides sont symétriques, toutes leurs parties sont égales, mais ils ne sauraient se superposer. Si, placé devant une glace, vous levez la main droite, vous voyez l'image lever la main gauche : l'objet et l'image ne sont donc pas susceptibles de coïncider. Cette même égalité par symétrie se trouve du reste dans un certain nombre de parties du corps des animaux qui sont distribuées par paires, et

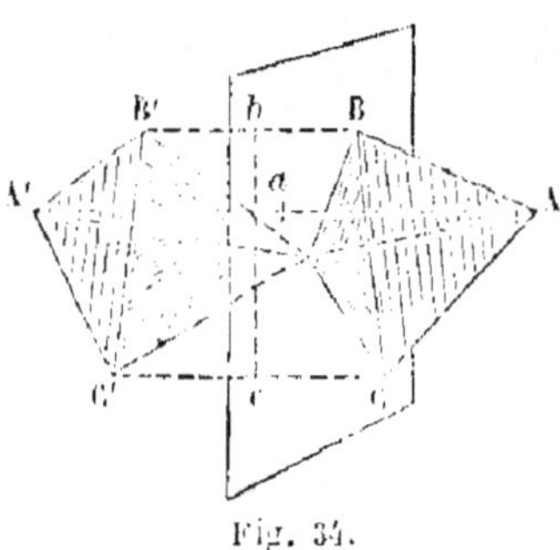
Fig. 34.

généralement dans la forme extérieure qui est symétrique par rapport à un plan qui sépare le corps en deux parties : la droite et la gauche.

Il est évident que deux figures symétriques d'une troisième sont égales et peuvent se superposer.

C'est sans doute la symétrie de structure rencontrée dans les êtres organisés qui a conduit à la regarder comme une condition indispensable de beauté dans toutes sortes de constructions ou d'œuvres d'art. Cette symétrie est recherchée à la fois dans l'ensemble et dans les détails, et on a été conduit à la conserver dans les objets les plus vulgaires et les moins artistiques. Une cuiller à pot a un plan de symétrie tout comme le Panthéon.

La symétrie est souvent aussi imposée par des considérations empruntées à la mécanique. Coupez à un oiseau l'extrémité d'une aile, il lui devient impossible de voler en ligne droite et, s'il parvient à se soutenir mo-

mentanément, il inclinera toujours du même côté. Si un
bateau n'est pas symétrique par rapport à un plan vertical parallèle à la direction dans laquelle il doit se mouvoir, il sera à chaque instant dévié de cette direction.
C'est précisément ce que l'on obtient à l'aide du gouver-
nail, partie mobile du navire qui, portée à droite ou à
gauche, détruit la symétrie de construction et fait par
suite mouvoir le navire vers la droite ou vers la gauche.

48. Revenons maintenant aux solides géométriques
simples dont nous avons commencé l'étude.

D'après sa définition, un prisme n'a pas nécessairement un plan de symétrie; toutefois, si le prisme est
droit, un plan parallèle aux bases et à égale distance de
chacune d'elles est évidemment un plan de symétrie.
Mais la considération de ce plan est généralement moins
importante que celle d'un plan de symétrie parallèle aux
arêtes du prisme. Or on voit aisément que si la section
droite d'un prisme a un axe de symétrie, le plan passant
par cet axe parallèlement aux arêtes du prisme est un
plan de symétrie. Les prismes dont on fait usage ont
presque toujours, pour les raisons indiquées plus haut,
un plan de symétrie.

Parmi les prismes qui ont plusieurs plans de symétrie,
le plus simple est celui dont la section droite est un
rectangle ou un losange, et nous allons l'étudier particulièrement.

PARALLÉLIPIPÈDE.

49. On nomme *parallélipipède* un solide prismatique
dont la base est un parallélogramme (fig. 37).

Lorsque les arêtes sont perpendiculaires au plan de la
base, le parallélipipède est *droit* (fig. 36).

Lorsque, en outre, la base est un rectangle, le parallélipipède est *rectangle* (fig. 35).

Les pièces de bois de charpente sont des parallélipipèdes rectangles. Il en est de même des pierres de taille em-

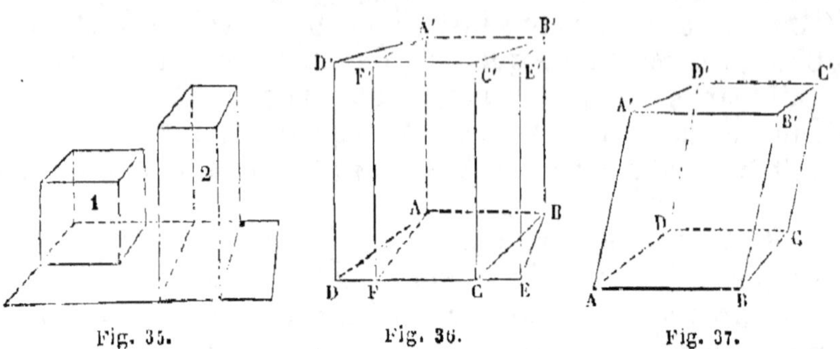

ployées à la construction d'un mur à faces planes, des dalles, des briques, etc.

Parmi les parallélipipèdes rectangles on distingue le parallélipipède à *base carrée :* les fers en barres présentent cette forme. Lorsque la hauteur est en outre égale au côté de la base, le parallélipipède devient un *cube* (fig. 35, 1); les dés à jouer sont des cubes.

Tous ces solides jouissent de la propriété suivante :

Les faces latérales opposées d'un parallélipipède sont des parallélogrammes égaux et parallèles.

50. Les faces latérales sont des parallélogrammes comme dans tout solide prismatique; celles qui sont opposées sont égales et parallèles, car les parallélogrammes qui les forment sont égaux comme ayant leurs côtés chacun à chacun parallèles et égaux; en outre leurs plans sont parallèles.

51. On voit que, les faces du solide étant deux à deux parallèles, la section déterminée par un plan qui rencontre deux faces opposées est un parallélogramme (fig. 38).

On voit aussi que, dans un parallélipipède, on peut à volonté considérer comme bases deux faces opposées quelconques. Lorsque le parallélipipède est droit, on considère spécialement comme bases les faces perpendiculaires à la direction des arêtes. Lorsque le parallélipipède est rectangle, deux faces quelconques peuvent être considérées comme bases.

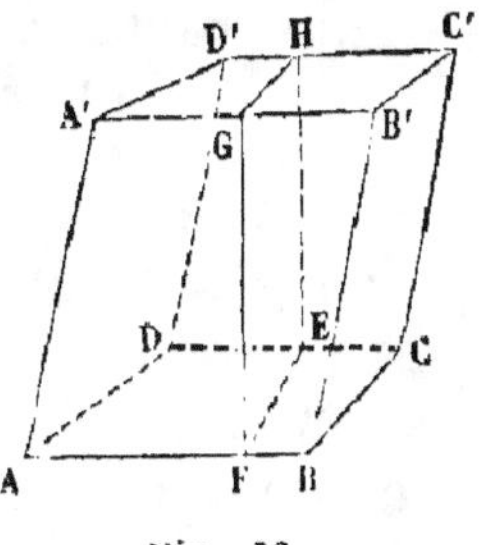

Fig. 38.

52. Un parallélipipède rectangle a trois plans de symétrie menés à égale distance de deux faces opposées et parallèles aux faces du solide (fig. 39). Le point de rencontre de ces trois plans est le *centre* du parallélipipède. Les droites d'intersection des plans de symétrie joignent les centres des faces opposées auxquelles elles sont d'ailleurs perpendiculaires.

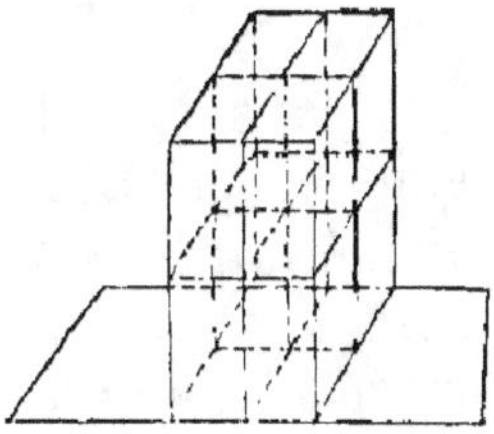

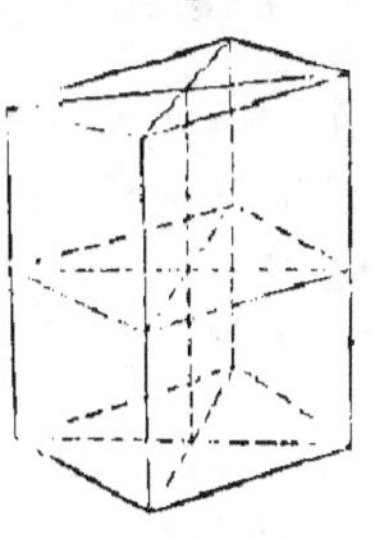

Fig. 39.

Le parallélipipède droit à base de losange (fig. 40) a aussi trois plans de symétrie dont l'un est parallèle aux bases et à égale distance de chacune d'elles, tandis que les deux autres passent par les arêtes latérales opposées. Leur point de rencontre est aussi le centre du parallélipipède. Leurs intersections sont d'une part la ligne qui joint les centres des bases, d'autre part les deux droites qui joignent les milieux des arêtes latérales.

Fig. 40.

Le parallélipipède droit à base carrée jouit à la fois des propriétés des deux parallélipipèdes précédents. Il a par conséquent cinq plans de symétrie.

Du cube. Tout cube peut être divisé en deux parties égales de neuf manières différentes.

53. Si dans un parallélipipède à base carrée la hauteur devient égale au côté de la base, le solide devient un cube.

Le cube, étant un parallélipipède rectangle, a trois plans de symétrie parallèles à ses faces et passant par son centre. Comme parallélipipède droit à base carrée dans trois directions différentes, il a pour chacune de ces directions deux autres plans de symétrie passant par deux arêtes opposées : en tout neuf plans de symétrie.

Toutefois, il n'y a que deux de ces plans qui déterminent dans le cube des divisions distinctes. Un plan de symétrie parallèle à l'une des faces le divise en deux parallélipipèdes rectangles égaux. Un plan de symétrie passant par deux arêtes opposées le divise en deux prismes triangulaires égaux.

Solides prismatiques équivalents. Deux prismes de base équivalente et de même hauteur sont équivalents.

54. En géométrie plane nous avons appelé figures équivalentes celles qui avaient la même étendue ; on appelle solides *équivalents* ceux qui occupent le même volume. Prenez dans un vase de forme quelconque une certaine quantité d'eau, inclinez le vase de toutes les façons ; la forme du volume occupé par l'eau change, mais le volume reste toujours le même. Prenez deux prismes creux de même hauteur et de base équivalente et posez-les sur un plan horizontal. Remplissez l'un d'eau, puis versez le liquide dans l'autre, il sera exactement rempli. C'est ce qu'on exprime en disant que deux prismes de base équivalente et de même hauteur sont équivalents.

On peut démontrer géométriquement cette proposition avec une entière rigueur, mais on acquiert plus rapidement et plus aisément la certitude de cette propriété par les considérations suivantes.

55. Prenez un certain nombre de règles à tracer de même longueur ; réunissez-les en un faisceau de façon qu'elles ne laissent pas d'intervalle entre elles (fig. 41). Appuyez ce faisceau sur un plan de façon que

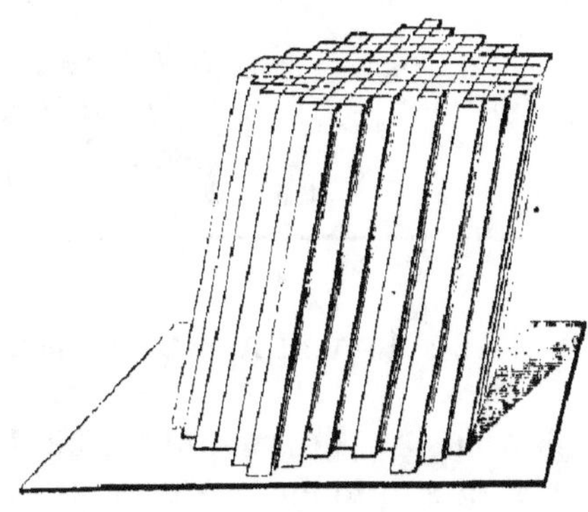

Fig. 41.

les extrémités de toutes les règles soient dans ce plan, les autres extrémités se trouveront dans un plan parallèle et la forme générale du faisceau sera celle d'un solide prismatique. Prenez-en une partie et distribuez les règles d'une autre manière autour des premières, vous avez un nouveau solide prismatique équivalent au premier. Ce nouveau prisme a la même hauteur que le premier, et sa base, qui est la somme des bases par lesquelles les règles, supposées terminées au plan horizontal, reposent sur ce plan, est équivalente à la première.

56. Toutefois la proposition n'est pas encore complétement démontrée. Il faut encore faire voir qu'en laissant l'une des bases fixe, l'autre peut être déplacée dans son plan sans que le volume change. Pour cela supposez que nous divisions un prisme droit en tranches minces par des plans parallèles aux bases, nous pouvons empiler ces tranches comme nous voudrons en conservant à l'ensemble la forme prismatique et inclinant à volonté

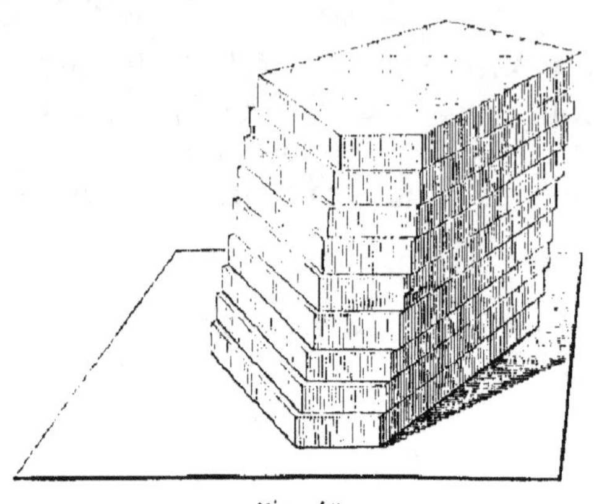

Fig. 42.

les arêtes (fig. 42); le volume total sera toujours le même.

Nous aurons occasion de revenir plus loin sur cette décomposition d'un solide en tranches très-minces.

Nous avons donc établi cette proposition fondamentale :

Deux prismes de base équivalente et de même hauteur sont équivalents.

Nous allons en déduire un certain nombre de conséquences :

Tout parallélipipède est divisé en deux prismes triangulaires équivalents par un plan qui contient deux arêtes opposées.

57. En effet, un pareil plan divise le parallélipipède en deux prismes triangulaires dont les bases sont égales et dont la hauteur est la même. Cela revient à dire que :

Tout prisme triangulaire est moitié du parallélipipède de base double et de même hauteur.

58. En d'autres termes : si, sur deux côtés de la base

d'un prisme triangulaire, on construit un parallélogramme, le prisme est moitié du parallélipipède de même arête ayant le parallélogramme pour base.

A l'aide de cette proposition, la mesure du volume d'un prisme sera ramenée à celle d'un parallélipipède. La proposition fondamentale nous permettra de ramener la mesure du parallélipipède oblique à celle du parallélipipède droit, puis à celle du parallélipipède rectangle. De sorte que la mesure du volume de tout solide prismatique sera connue dès que l'on pourra évaluer le volume d'un parallélipipède rectangle. Nous allons évaluer le rapport de deux solides de ce genre.

Le rapport des volumes de deux parallélipipèdes rectangles est égal à celui des produits de leurs dimensions.

59. On nomme dimensions d'un parallélipipède rectangle les longueurs des trois arêtes issues d'un même sommet, ou, ce qui est la même chose, les distances des faces opposées.

Soit un parallélipipède rectangle (fig. 43), dont la hauteur soit de 4 centimètres ; nous pouvons le partager en

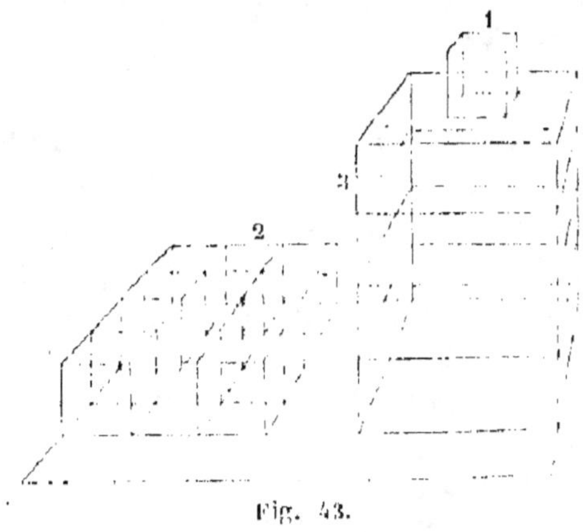

Fig. 43.

quatre tranches égales par des plans parallèles à la base. Considérons une de ces tranches ; elle a, par exemple,

3 centimètres de largeur et 4 d'épaisseur; la base de cette tranche peut être divisée en trois rectangles renfermant chacun quatre carrés, ainsi qu'on l'a vu en géométrie plane. Par les lignes de division imaginons des plans parallèles aux faces latérales, nous obtiendrons dans cette tranche 3×4 ou 12 cubes égaux. Chaque tranche pouvant être divisée de la même manière, le parallélipipède contiendra 12×4 cubes ayant pour côté un centimètre. Imaginons un autre parallélipipède dont les dimensions soient de 2, 5 et 6 centimètres, il contiendra $2 \times 5 \times 6$ cubes égaux au premier; donc le rapport des deux parallélipipèdes sera celui de $3 \times 4 \times 4$ à $2 \times 5 \times 6$, c'est-à-dire de 4 à 5. Le premier parallélipipède sera les 4/5 du second.

Nous avons supposé qu'on avait mesuré les dimensions en centimètres; le rapport des volumes resterait le même si l'on avait pris le millimètre pour unité, car les deux termes du rapport seraient devenus le même nombre de fois plus grands, ce qui n'altère pas sa valeur. Quelle que soit l'unité linéaire qui serve de mesure, le rapport des volumes des deux parallélipipèdes sera toujours exprimé par le même nombre. Il résulte de là que le rapport des *volumes* de deux cubes est égal au rapport des cubes des nombres qui représentent les longueurs de leur arête.

60. Considérons deux prismes quelconques. Si l'on construit deux rectangles respectivement équivalents aux bases de ces deux prismes, et si l'on prend ces deux rectangles pour bases de deux parallélipipèdes rectangles ayant des hauteurs respectivement égales à celles des deux prismes, les deux parallélipipèdes seront respectivement équivalents à chacun des deux prismes (§ 54). Le rapport des *volumes* des deux prismes sera égal au rapport des deux parallélipipèdes, c'est-à-dire au rapport des produits de leurs trois dimensions. Or l'une de ces dimensions, la hauteur, est la même pour chaque prisme et le parallélipipède qui lui est équivalent; le produit des deux autres dimensions représente la base du prisme, donc :

Deux prismes quelconques sont entre eux comme les produits des bases par les hauteurs.

Le rapport de deux prismes semblables est égal au rapport des cubes numériques de leurs arêtes correspondantes.

61. Définissons d'abord ce que l'on entend par prismes semblables. Étant donné un prisme (fig. 44) défini par les trois faces de l'un de ses angles solides O (§ 46), prenez sur les trois arêtes OA, OC, OD des longueurs O*a*, O*c*, O*d* proportionnelles à OA, OC, OD, achevez la construction du polygone O*abc* semblable à OABC, le prisme *dOabc* est dit *semblable* au prisme DOABC. On reconnaît aisément que les sommets du second prisme sont sur

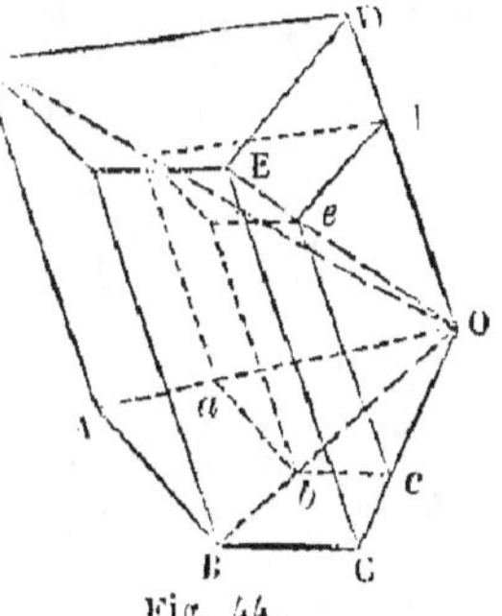

Fig. 44.

des droites menées du point O aux sommets du premier, que les arêtes correspondantes des deux prismes sont parallèles et ont entre elles le même rapport. Transportez où vous voudrez l'un des prismes, il sera toujours semblable au premier, mais il pourra n'être pas semblablement placé. On peut définir deux prismes semblables, deux prismes qui ont un angle solide égal compris entre trois faces semblables et semblablement disposées. Cette similitude de disposition s'explique aisément : si l'on ouvre l'angle solide de chaque prisme comme dans la figure 33, les deux figures planes polygonales obtenues doivent être semblables. .

62. Cela posé, les bases des deux prismes étant des polygones semblables, le rapport de leurs surfaces est égal au rapport des carrés de deux côtés homologues, OA, O*a* par exemple; le rapport des hauteurs des deux prismes est aussi égal au rapport de deux arêtes homologues telles que OA, Oa. Donc le rapport des volumes étant, d'après la proposition précédente, égal au produit du rapport des bases par le rapport des hauteurs, est égal à

$$\frac{\overline{OA}^2}{\overline{Oa}^2} \times \frac{OA}{Oa} \quad \text{ou à} \quad \frac{\overline{AO}^3}{\overline{Oa}^3}.$$

Si, par exemple, étant donnés deux prismes semblables, une arête de l'un est le double de l'arête correspondante de l'autre, le volume du premier est huit fois plus grand que celui du second.

La figure 39 montre un parallélipipède rectangle huit fois plus grand qu'une autre parallélipipède dont les dimensions sont moitié de celles du premier.

PYRAMIDES.

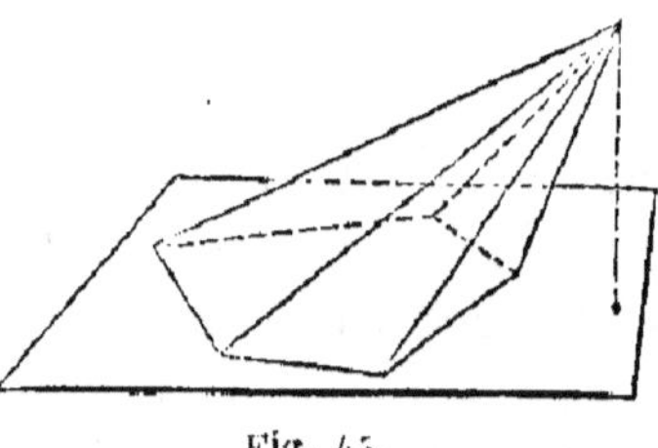

Fig. 45.

63. Étant donné un polygone plan et un point hors du plan, par ce point et par les côtés du polygone menez des plans. Le solide compris entre le polygone et ces divers plans qu'on suppose limités à leurs intersections successives, se nomme une *pyramide* (fig. 45).

Le point situé en dehors du polygone se nomme le *sommet* de la pyramide, le polygone en est la *base*. La perpendiculaire abaissée du sommet sur la base est la *hauteur* de la pyramide.

Pyramide triangulaire, quadrangulaire, régulière, irrégulière.

64. La pyramide est triangulaire, quadrangulaire, pentagonale, suivant que la base est un triangle, un quadrilatère, un pentagone. Dans la pyramide triangulaire, qu'on nomme aussi un *tétraèdre*, les quatre faces sont des triangles, et chacun d'eux peut à volonté être considéré comme base. On voit, dans la figure 1, un tétraèdre posé sur un plan.

Si la base d'une pyramide est un polygone régulier et si le sommet est sur la perpendiculaire élevée au plan de la base par le centre du cercle circonscrit, la pyramide est dite *régulière*. Dans tout autre cas elle est irrégulière.

La forme du toit de la plupart des clochers est celle d'une pyramide régulière à base carrée ou octogonale. Les cristaux d'un grand nombre de substances se terminent par des pyramides à base carrée, triangulaire ou hexagonale.

Dessiner une pyramide régulière, irrégulière.

65. Nous dessinerons une pyramide en suivant les conventions adoptées plus haut pour représenter un

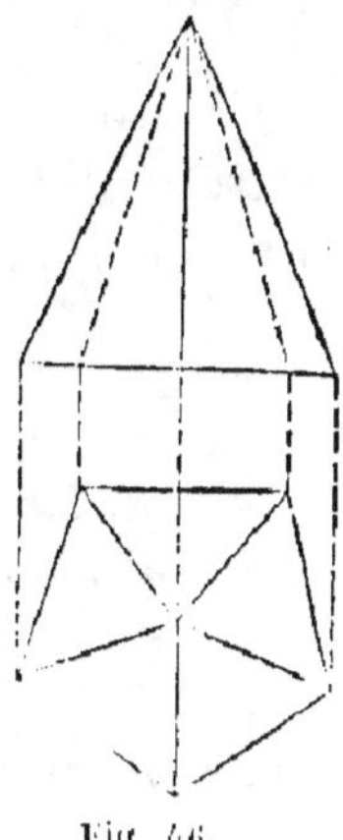

Fig. 46.

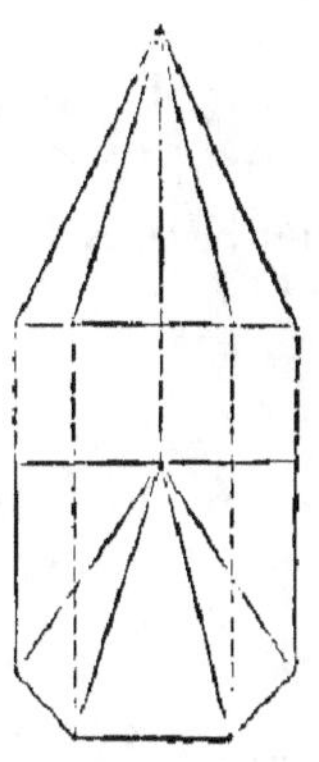

Fig. 47.

prisme. La figure 46 représente une pyramide régulière et la figure 47 une pyramide irrégulière. Les lignes ponctuées sont celles que cache le solide lui-même. Il est bien évident que l'on ne peut mesurer sur la figure que les arêtes de la base et la hauteur. Les autres arêtes ne sont généralement pas représentées avec leurs véritables dimensions.

Tout plan parallèle à la base d'une pyramide détermine une section semblable à cette base.

66. Soit une pyramide SABCDE (fig. 48) : coupez cette pyramide par un plan parallèle à la base, le polygone obtenu aura ses côtés parallèles à ceux du polygone de base (§ 52) et ses angles égaux chacun à chacun à ceux de ce polygone. Il reste encore à faire voir que les côtés parallèles entre eux sont proportionnels. Or le rapport de deux côtés AB, A'B' est égal au rapport des deux arêtes SA, SA', et, comme toutes les autres sont divisées par les deux plans dans le même rapport (§ 59), il en résulte que le rapport des côtés homologues des deux polygones est aussi constant. Donc les deux polygones sont semblables. Le rapport de similitude est celui de deux arêtes SA, SA' ou des hauteurs SH, SH', distance du sommet au plan des bases.

Fig. 48.

Ces sections sont entre elles comme les carrés des distances du sommet à leurs plans. — Loi de décroissance de la lumière.

67. Le rapport des surfaces de deux polygones est, comme on sait, égal au carré du rapport de similitude des deux polygones ; donc le rapport des bases des deux pyramides est celui du carré de SH au carré de SH'.

Placez devant un point lumineux un écran E percé d'une ouverture polygonale, les rayons lumineux qui passent par cette ouverture forment une pyramide dont le point lumineux S est le sommet. Un écran E' parallèle

au premier détermine dans la pyramide une section qui
est un polygone semblable à l'ouverture (fig. 49).

Éloignez ou rapprochez l'écran E', la quantité de lumière qui éclaire la section est
toujours la même. Considérez
l'écran E' dans deux de ses positions, le rapport de grandeur
des surfaces éclairées est égal
au rapport des carrés des distances de l'écran au point lumineux, mais l'éclairement est
en raison inverse de la surface
sur laquelle une même quantité de lumière est répartie.
Donc l'intensité de la lumière
reçue par des surfaces d'égale

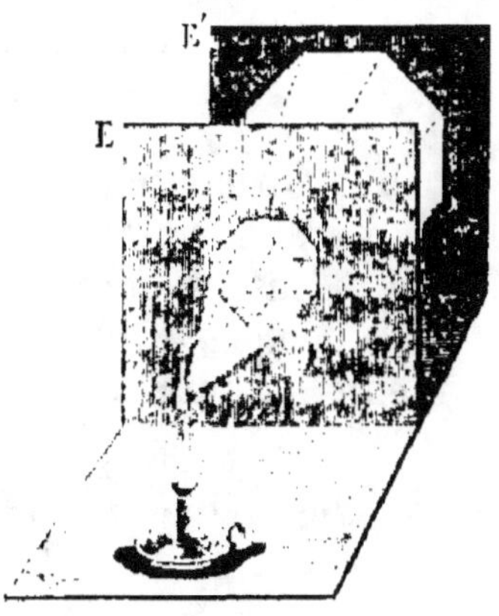

Fig. 49.

étendue est en raison inverse du carré de la distance de
ces surfaces au point lumineux.

La même loi s'applique, par le même raisonnement, à
l'intensité de la chaleur reçue par deux surfaces planes
de même étendue.

Dessiner un tronc de pyramide à bases parallèles.

68. Lorsque l'on coupe une pyramide par un plan parallèle à sa base, le solide compris entre les deux plans
se nomme un tronc de pyramide à bases parallèles
(fig. 50).

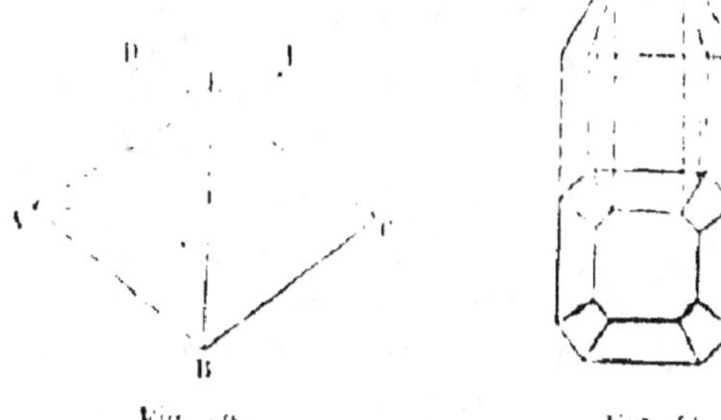

Fig. 50.   Fig. 51.

On dessinera le tronc de pyramide, comme on a dessiné la pyramide. La figure 51 représente un tronc de pyramide régulière à base octogonale.

Deux pyramides régulières sont égales quand elles ont des bases égales et des hauteurs égales.

69. On peut en effet superposer leurs bases; dès lors les perpendiculaires au plan de ces bases, menées par leurs centres, coïncident aussi, et par suite les sommets des deux pyramides coïncident puisqu'elles sont de même hauteur.

Deux pyramides de base équivalente et de même hauteur sont équivalentes.

70. Soient deux pyramides S et S′ de même hauteur et posées sur un même plan. Décomposons ces pyramides en tranches minces par un grand nombre de plans parallèles équidistants. Puisque les bases sont équivalentes, les sections faites dans les deux pyramides par un même plan seront aussi équivalentes, car le rapport de leurs surfaces est égal à celui des bases.

Les deux tranches comprises entre deux plans successifs sont assimilables à deux prismes de base équivalente et de même hauteur, donc elles sont équivalentes ; donc les deux sommes de tranches, c'est-à-dire les deux pyramides, sont équivalentes.

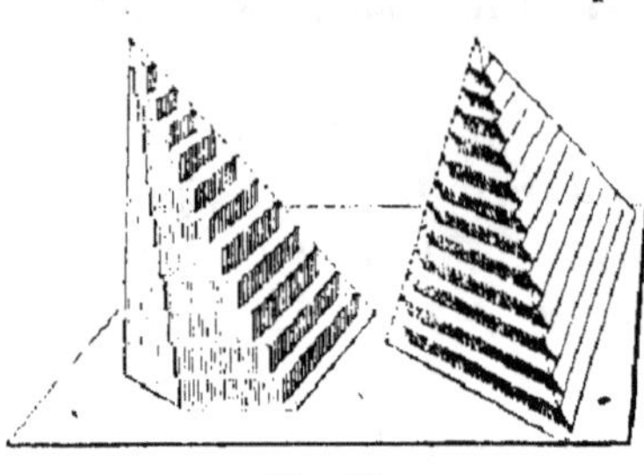

Fig. 52.

Il résulte de là qu'étant donnée une pyramide, on peut transporter son sommet où l'on voudra, dans un plan parallèle à la base, sans que son volume change.

Les deux pyramides représentées (fig. 52) sont équivalentes; leurs sommets sont situés sur une droite parallèle au plan de la base commune.

Deux pyramides symétriquement placées par rapport à un plan sont équivalentes.

71. Elles ont en effet des bases égales et la même hauteur. Car les deux bases sont deux figures symétriques et les hauteurs sont aussi deux droites symétriques (fig. 34).

Tout prisme triangulaire peut être décomposé en trois pyramides triangulaires équivalentes.

72. La démonstration de cette importante propriété repose sur la conséquence que nous venons de tirer (§ **70**).

Soit un prisme triangulaire (fig. 53). Par l'un des sommets S, menons deux plans SAC, SEC qui décomposent le prisme en trois pyramides triangulaires SABC, CESD et AESC. Les deux premières ont même base et même hauteur que le prisme, la troisième AESC est équivalente à la pyramide AESD ; car on peut transporter le sommet C de cette pyramide triangulaire sur la parallèle CD à l'une de ses faces AES sans que son volume change (§ **70**). Or, la pyramide AESD a aussi même base et même hauteur que le prisme. Donc, tout prisme triangulaire peut se décomposer en trois pyramides triangulaires équivalentes, ce qui revient à dire que : *La pyramide triangulaire est le tiers du prisme de même base et de même hauteur.* De là il résulte immédiatement que :

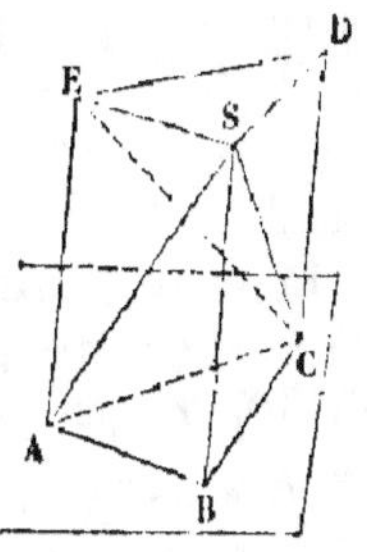

Fig. 53.

Deux pyramides triangulaires sont dans le même rapport que les produits de leur base par leur hauteur.

On démontre absolument de la même manière la proposition suivante :

Le prisme triangulaire tronqué est la somme de trois pyramides ayant pour base commune l'une des bases du tronc et pour sommets respectifs ceux de l'autre base.

75. Soit en effet un prisme tronqué triangulaire (fig. 54). Par un sommet F, menons, comme précédemment, deux plans FAC, FEC qui décomposent le tronc en trois pyramides triangulaires. L'une, FABC, peut être considérée comme ayant pour base la base ABC du tronc et pour sommet le point F de l'autre base du tronc. La se-

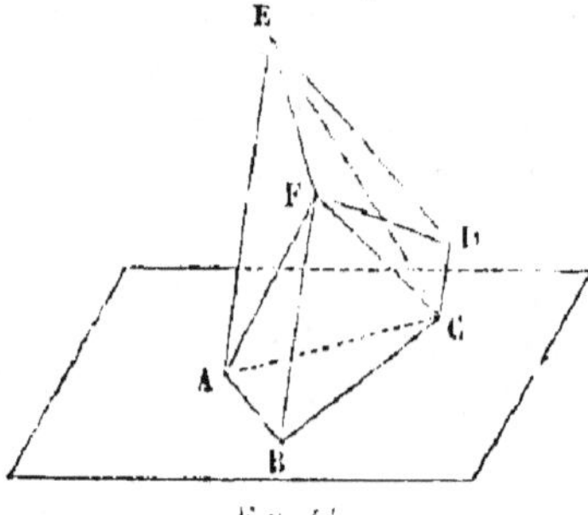

conde, EAFC, est équivalente à la pyramide EABC obtenue en transportant le sommet F en B sur la parallèle FB à la face EAC. Enfin la troisième, DEFC, peut se remplacer par la pyramide équivalente DAFC, en transportant le sommet E en A sur la parallèle EA à la face DFC. De même la pyramide DAFC est équivalente à la pyramide DABC obtenue en faisant glisser le sommet F sur la parallèle FB à la face DAC; de sorte que la troisième pyramide DEFC est équivalente à la pyramide DABC. Donc les trois pyramides en lesquelles le tronc de prisme est primitivement décomposé, sont respectivement équivalentes à trois pyramides ayant pour base la base ABC du tronc et pour hauteur les distances des sommets E, D, F au plan de cette base.

Lorsque le tronc de prisme a une base polygonale, on le décompose en troncs de prismes triangulaires et la proposition précédente s'applique à chacun des troncs de prismes triangulaires obtenus.

Nous pouvons déduire de ce qui précède que :

Deux pyramides triangulaires semblables sont dans le même rapport que les cubes de leurs arêtes correspondantes.

74. Nous avons vu § 66 qu'un plan mené parallèlement à la base d'une pyramide détermine une section semblable à la base. La pyramide de même sommet, qui a pour base cette section, est dite semblable à la pyramide donnée. Considérons deux pyramides triangulaires semblables, SABC, S*abc* (fig. 55); ces deux pyramides sont respectivement équivalentes au tiers des prismes de même base et de même arête ABCS, *abc*S. Or, ces deux

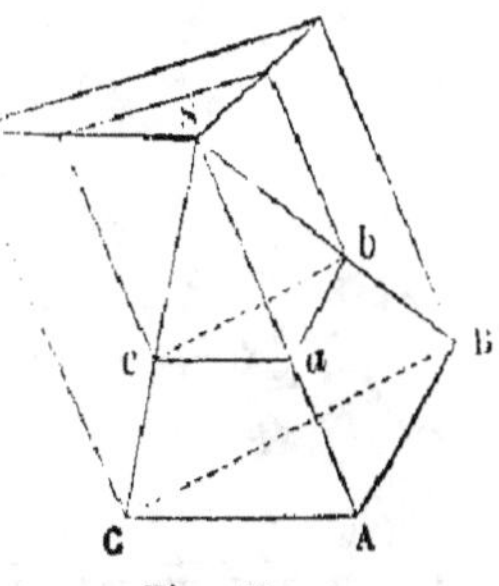

Fig. 55.

prismes semblables sont entre eux dans le rapport des cubes des arêtes correspondantes SA, S*a* (§ 61); donc le rapport des volumes des deux pyramides est celui de $\overline{SA}^3$ à $\overline{Sa}^3$.

Nous avons vu, dans la *Géométrie plane*, que deux polygones semblables peuvent se décomposer en un même nombre de triangles semblables et semblablement placés. La même propriété existe pour les polyèdres semblables que l'on peut décomposer en tétraèdres semblables. Il en résulte que :

Le rapport des volumes de deux polyèdres semblables est égal au rapport des cubes de leurs dimensions correspondantes.

Et généralement :

Le rapport des volumes de deux solides semblables est égal au rapport des cubes de leurs dimensions homologues.

Il n'est pas inutile de rappeler ici que la définition donnée dans la *Géométrie plane* (§ 558) de deux figures semblables s'applique aux figures dont les points sont répartis d'une manière quelconque dans l'espace.

75. Le pantographe employé, depuis plus de deux siè-

cles, à la réduction des figures planes, a été, il y a peu
d'années, modifié par M. Collas, qui l'a appliqué à la réduction des figures dans l'espace. Voici la disposition qu'il
a adoptée. Le côté OM (fig. 56) du pantographe est articulé

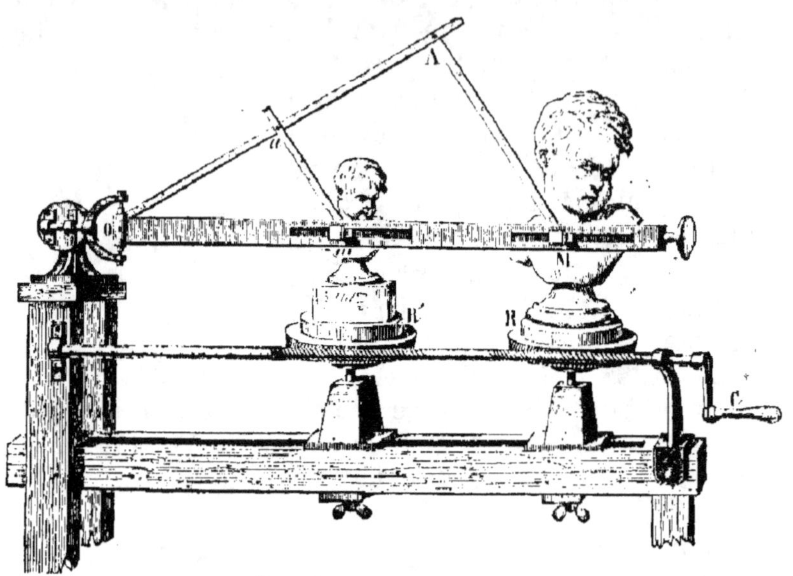

Fig. 56.

en O par un joint universel qui permet à ce côté de
prendre dans l'espace toutes les directions possibles. Les
tiges *am* et AM sont articulées en *a* et A avec le côté OA,
articulé lui-même en O avec le côté OM. Mais les extrémités *m* et M de ces tiges glissent dans des coulisses pratiquées suivant la longueur de OM. Les longueurs *am* et
AM sont réglées de telle sorte que ces tiges soient dans le
rapport des distances O*a* et OA; d'où il résulte que si
leurs extrémités *m* et M sont en ligne droite avec le
point O, leurs directions sont constamment parallèles, et
que par conséquent les distances O*m* et OM sont constamment dans le rapport de O*a* à OA. On fait glisser l'extrémité M dans sa coulisse à l'aide d'une vis *v*; l'extrémité *m*
est contrainte de glisser aussi dans la sienne.

Cela posé, la statue à réduire, et la matière molle

(cire, glaise) sur laquelle on veut opérer sont placées sur des socles, reposant eux-mêmes sur deux roues horizontales égales R et R', dont les axes sont dans un même plan vertical avec le centre O du joint universel; et ces deux roues, dentées convenablement, engrènent toutes deux avec une même vis sans fin que l'on peut faire mouvoir à l'aide d'une manivelle C. En M est fixée une *touche*, pointe fine destinée à parcourir la surface du modèle sans l'entamer; en *m* est fixé un *burin* propre à entamer au contraire la matière molle sur laquelle on opère. Si, avec la touche, on parcourt une courbe quelconque sur la surface du modèle, le burin parcourra une courbe semblable dans la matière soumise à son action, puisque les distances O*m* et OM resteront dans un rapport constant, et le centre de similitude des deux courbes sera le point O. En rapprochant les courbes ainsi décrites, on parcourra ainsi tous les points contenus dans une portion quelconque de la surface du modèle; et le burin tracera dans la matière molle une portion de surface exactement semblable. En faisant mouvoir la manivelle C, on fera tourner les deux roues R et R' de la même quantité angulaire, et l'on pourra opérer sur une autre portion quelconque de la surface du modèle. On finira ainsi par avoir promené la touche sur tous les points de cette surface; et le burin aura tracé dans la matière molle une surface semblable : c'est-à-dire qu'on aura obtenu une réduction fidèle du modèle proposé.

SURFACES CYLINDRIQUES.

Deux principales manières de produire une surface cylindrique. — Cylindre droit, oblique, tronqué.

76. Nous avons considéré jusqu'ici des surfaces planes

ou terminées par des plans. Quelques-unes de ces surfaces peuvent être définies d'une manière différente.

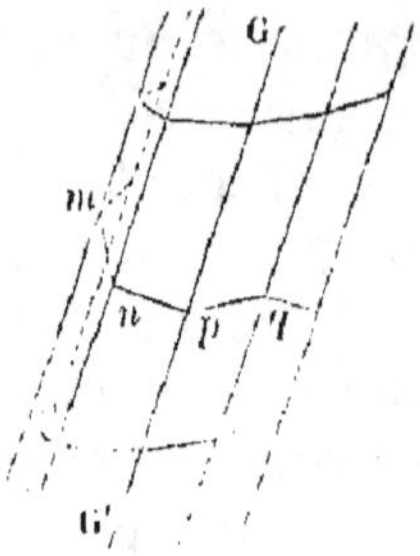

Considérons par exemple les surfaces prismatiques. Nous pouvons regarder la surface latérale d'un prisme comme engendrée par une droite GG' qui s'appuie sur le contour d'un polygone ou d'une ligne brisée quelconque *mnpq*, et qui reste toujours parallèle à elle-même (fig. 57). Nous avons ainsi une surface indéfinie : coupons cette surface par deux plans parallèles, nous obtenons le prisme que nous avons considéré. La ligne GG', qui par son mouvement engendre la surface, se nomme la *génératrice*, la ligne *mnpq*, qui sert à diriger son mouvement, se nomme la *directrice*.

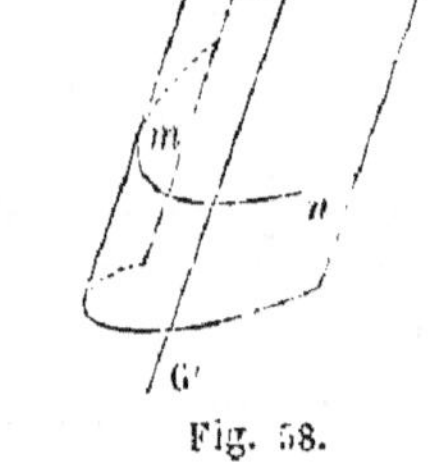
Fig. 57.

Fig. 58.

Si la directrice, au lieu d'être un polygone, est une ligne courbe *mn* (fig. 58), la surface prismatique devient une surface dite *cylindrique*. De même qu'il y a une infinité de surfaces prismatiques, il y a aussi une infinité de surfaces cylindriques, suivant la nature de la ligne courbe sur laquelle s'appuie la génératrice et la direction de cette génératrice.

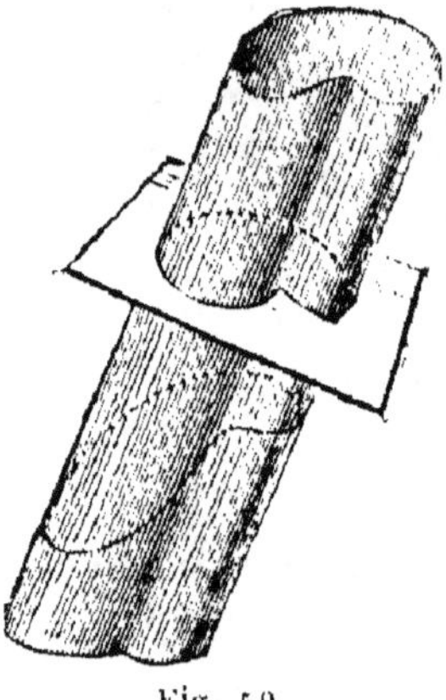

On peut toujours imaginer un plan perpendiculaire à la direction des génératrices de la surface cylindrique ou cylindre (fig. 59).

Ce plan détermine la *section droite* du cylindre. Dès lors, un cylindre est complétement défini par sa section droite, puisque la génératrice doit rester, dans son mouvement, perpendiculaire au plan de cette courbe.

Fig. 59.

On considère particulièrement, en géométrie, le cylindre dont la section droite est un cercle ou le *cylindre droit à base circulaire* (fig. 60). Plus généralement, on nomme cylindre droit la portion de cylindre comprise entre deux sections droites.

On appelle cylindre oblique, la portion de cylindre

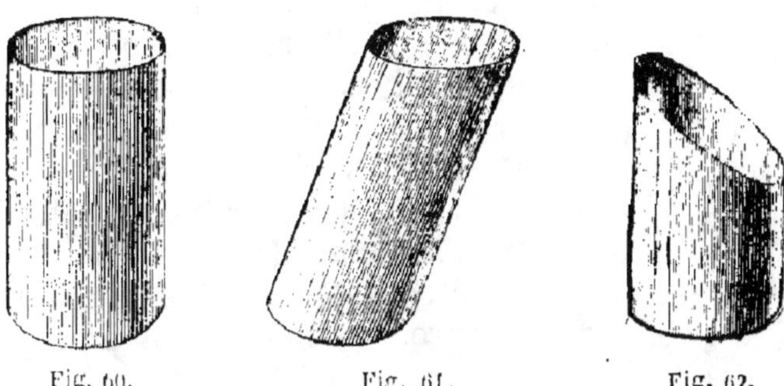

Fig. 60.   Fig. 61.   Fig. 62.

comprise entre deux sections obliques parallèles (fig. 61) et cylindre tronqué, la portion de cylindre comprise entre deux sections non parallèles (fig. 62).

77. Il est très-essentiel de remarquer que les cylindres peuvent être considérés comme des prismes dont la base aurait un très-grand nombre de côtés très-petits. Par là, toutes les propositions démontrées pour les prismes à base polygonale, pourront s'appliquer aux cylindres. Par exemple la proposition énoncée § 45, se transforme en la suivante :

Les sections faites dans un cylindre par des plans parallèles sont des courbes égales.

D'après cela, on peut considérer une surface cylindrique comme engendrée par le mouvement d'une ligne courbe dont le plan se déplace parallèlement à lui-même tandis que deux points fixes de cette courbe décrivent deux droites parallèles.

Génération du cylindre droit à base circulaire par la révolution d'un rectangle.

78. Enfin le cylindre droit à base circulaire, comporte une génération particulière au moyen de laquelle on le définit ordinairement en géométrie. On peut le considérer comme engendré par un rectangle ABCD qui tourne autour de l'un de ses côtés (fig. 63). Le côté fixe AD se nomme l'axe du cylindre, le côté BC opposé à cet axe engendre la surface latérale,

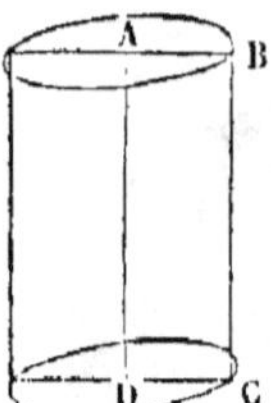
Fig. 63.

les deux autres côtés AB, CD engendrent deux cercles, bases du cylindre. Nous nommerons ce cylindre, *cylindre de révolution.*

Dessiner un cylindre de révolution dont la hauteur et le rayon de base sont donnés, un cylindre oblique à base circulaire dont la hauteur, la pente des génératrices et le rayon de base sont donnés.

79. Cette question doit être traitée comme les questions analogues relatives au prisme et à la pyramide. Les figures 59, 60, 61, 62 représentent des surfaces cylindriques en perspective. Les figures 63 et 64 représentent

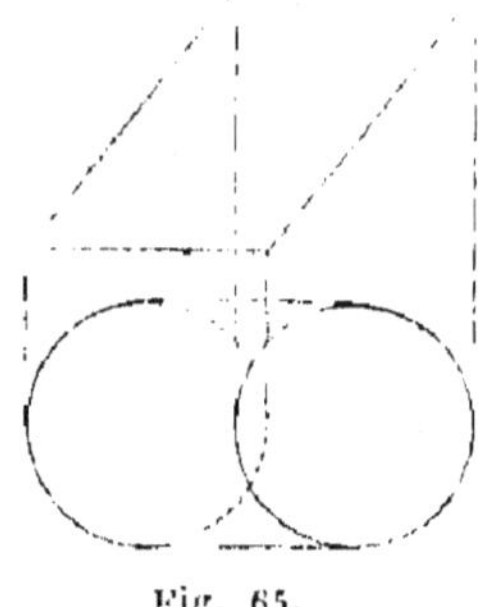

Fig. 64.   Fig. 65.

le plan et l'élévation d'un cylindre droit et d'un cylindre oblique à bases circulaires.

La pente des génératrices se trouve représentée dans l'élévation.

APPLICATION. — Construction des voûtes cylindriques; moulage de cylindres creux sur des cylindres pleins.

80. Les voûtes cylindriques se rencontrent dans la plupart des constructions. La partie supérieure d'une ouverture percée dans un mur est ordinairement une voûte cylindrique dont le diamètre est égal à celui de l'ouverture et dont la génératrice est égale à l'épaisseur du mur. Dans les ponts, la voûte a des dimensions plus grandes. Dans les tunnels de chemin de fer (fig. 66) la génératrice a quelquefois plusieurs lieues de longueur. Les égouts dans les grandes villes forment un réseau de canaux souterrains formés à la partie supérieure par une voûte cylindrique.

La distribution des eaux se fait au moyen de tuyaux cylindriques de fonte de grandes dimensions, composés de plusieurs parties. Sur ces tuyaux s'embranchent

Fig. 66.

d'autres de diamètres de plus en plus petits. Le gaz se distribue d'une manière analogue.

On emploie à la construction des tuyaux un grand

nombre de matières suivant l'usage auquel on les destine. Les procédés de fabrication, très-variés d'ailleurs, ne sauraient être décrits ici. Tantôt le cylindre creux est construit sur un cylindre plein, qui est fixe; c'est ainsi, par exemple, que l'on construit les voûtes. C'est aussi de cette manière qu'on obtient les cylindres creux par le moulage (tuyaux de fonte). Tantôt le cylindre s'obtient d'après la propriété que possède cette surface d'être coupée par des plans parallèles suivant des courbes identiques. C'est là le principe de l'emploi de la *filière* et des *laminoirs* dont l'usage est si fécond pour la construction de cylindres ayant toutes sortes de sections.

Une filière est une plaque de matière dure percée de trous de diverses dimensions ou de diverses formes. Si la matière destinée à former ce cylindre est obligée de passer par l'un de ces trous, elle formera, à sa sortie, un cylindre ayant pour section droite la section de l'ouverture. C'est ainsi qu'une matière plastique pourra être façonnée en cylindres de section quelconque. On fabrique par ce procédé des briques, des tuyaux de drainage, etc.... La figure 67 représente une filière pour la fabrication des tuyaux de drainage et des briques creuses. Prenons une matière solide, mais susceptible de se déformer sans se rompre, un fil de fer par exemple; en le faisant passer par des trous de grandeur décroissante, on pourra obtenir des fils cylindriques de très-petite dimension (fig. 68). Il n'est point nécessaire que la forme de l'ou-

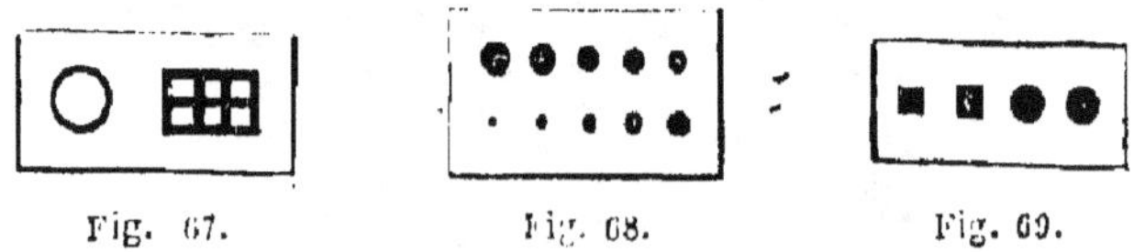

Fig. 67.   Fig. 68.   Fig. 69.

verture reste la même, on pourra par des opérations successives obtenir un fil à section carrée par exemple (fig. 69).

Au moyen de certains perfectionnements on est parvenu à faire à la filière des tubes avec ou sans soudure,

des moulures en feuilles minces, etc. Pour tirer les fils
très-fins, tels que les fils d'or pour la passementerie, on emploie des filières dont les trous, de la finesse d'un cheveu,
sont pratiqués, avec une perfection extrême, dans des
rubis ou des saphirs. Les fils que l'on tire ne sont pas
purs, on les obtient en tirant une barre de cuivre de
80 centimètres de long sur 3 de diamètre sur laquelle
on a déposé une couche d'or de 1 dixième de millimètre,
c'est ce bâton qui est amené à la finesse d'un cheveu. On
peut juger par là de la perfection des filières employées.

Lorsque la barre métallique a une section considérable, on ne peut pas employer une filière, pour diverses
raisons. On obtient le même résultat à l'aide d'un laminoir. Un laminoir se compose essentiellement de deux
cylindres égaux d'acier AA montés sur des arbres parallèles et animés d'un mouvement de rotation de même
vitesse, mais de sens contraire, à l'aide de deux roues
dentées égales RR (fig. 70).

L'intervalle des deux laminoirs présente la forme d'un
rectangle dont on peut faire varier la hauteur en écartant plus ou moins les axes des deux cylindres.

Si on pratique dans ces deux cylindres des gorges

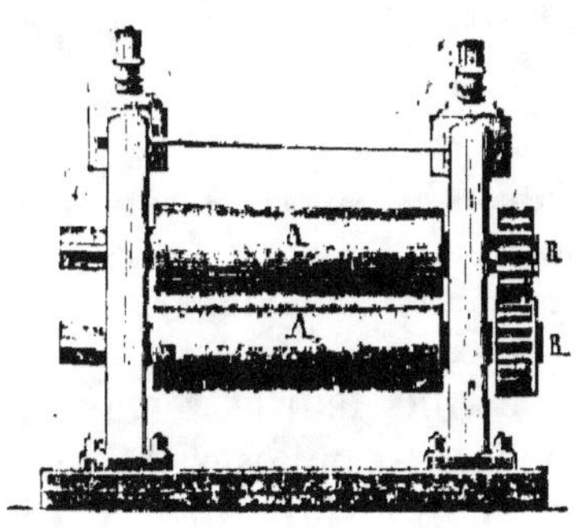

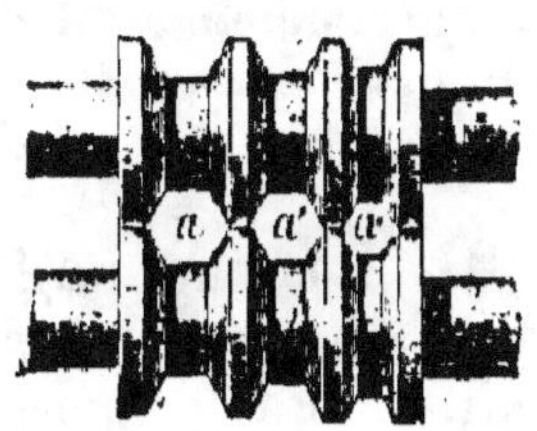

Fig 70.   Fig. 71.

a,a',a'' de forme donnée (fig. 71), en présentant à l'ouverture a, une barre à section circulaire, de rayon convenable, elle sera entraînée par les cylindres et elle prendra
une forme hexagonale ; l'hexagone deviendra plus parfait

en faisant ensuite passer la barre en a', puis en a'' et la barre s'allongera. La figure 72 représente un train lami-

Fig. 72.

neur employé à la fabrication des rails de chemin de fer. C'est par le même procédé que l'on obtient les fers en T employés dans la charpente.

Dans certaines circonstances les cylindres creux doivent être construits avec une grande exactitude. Il en est ainsi toutes les fois que ce cylindre creux doit donner passage à un cylindre plein de même diamètre. Tels sont les cylindres de machines à vapeur, les corps de pompe, les canons des bouches à feu ; on atteint cette précision au moyen de la machine à aléser, qui permet de donner au cylindre une section intérieure parfaitement uniforme, tout en conservant aux génératrices leur parallélisme.

Le développement d'un cylindre droit est un rectangle dont la base est égale à la longueur de la base du cylindre et la hauteur à la génératrice. Tracé de ce développement.

81. Imaginez qu'étant donnée une feuille rectangulaire, on fasse coïncider deux bords opposés de cette feuille, elle formera une surface cylindrique droite. Inversement, étant donné un cylindre droit, ouvrez-le suivant une génératrice, vous pourrez l'appliquer sur un plan ou *le développer* et la figure de ce cylindre développé, limité à deux sections droites, sera un rectangle. Il suffit pour s'en rendre un compte exact de considérer le cylindre droit comme un prisme droit d'un très-grand

nombre de faces; les rectangles successifs qui constituent la surface latérale du prisme forment, dans le développement du prisme, un rectangle ayant même hauteur que le prisme et, pour base, une ligne égale au périmètre de la base du prisme. Il en est donc de même pour le cylindre. Le tracé de ce développement consiste donc dans la construction d'un rectangle dont les deux côtés peuvent être mesurés. Il est aisé d'après cela de répondre à la question suivante.

Rapport de deux surfaces cylindriques.

82. Le rapport des surfaces latérales de deux cylindres droits est évidemment égal à celui des surfaces de deux rectangles ayant respectivement pour base le périmètre de la base du cylindre et pour hauteur la longueur de sa génératrice. Il est donc égal au rapport des produits du périmètre de la base par la longueur de la génératrice.

Tracer une circonférence sur une surface cylindrique limitée.

83. En d'autres termes : Étant donné un cylindre dont la section droite est un cercle, tracer un cercle sur la surface du cylindre. On peut résoudre la question pratiquement de la manière suivante : Prenez une feuille de papier et pliez-la en deux de façon à obtenir une ligne droite. Roulez cette feuille sur le cylindre donné, de façon que les bords de la feuille se superposent (fig. 73). Si, avec une pointe, vous suivez le bord du papier, vous tracerez sur le cylindre une section droite.

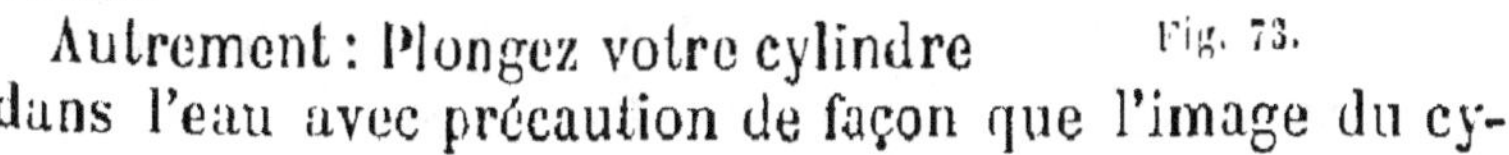

Fig. 73.

Autrement : Plongez votre cylindre dans l'eau avec précaution de façon que l'image du cylindre soit en tout sens le prolongement du cylindre réel, la ligne donnée par la surface de l'eau sera encore une section droite du cylindre, c'est-à-dire un cercle que vous pourrez tracer.

Lorsqu'on n'a besoin que de tracer une petite portion de ce cercle, il suffit d'appliquer une règle sur la surface du cylindre et, à l'aide d'une équerre, de tracer une petite ligne perpendiculaire à la direction de la règle. Car la règle ne peut s'appliquer sur le cylindre qu'en coïncidant avec une génératrice, et dès lors la perpendiculaire est un élément de la section droite.

Si l'on dispose d'un tour, en plaçant le cylindre sur le tour, une pointe fixe appuyée contre le cylindre trace un cercle sur sa surface pendant son mouvement.

Il est presque superflu de faire remarquer qu'on ne peut pas tracer une circonférence sur un cylindre quelconque. Pour que ce problème soit possible, il faut qu'une section plane du cylindre soit une ellipse.

Un tronc de cylindre droit à base circulaire a pour seconde base une ellipse.

84. On démontre aisément cette propriété en s'appuyant sur la proposition suivante : Si des divers points d'un cercle on mène des perpendiculaires à un diamètre et si on porte sur ces perpendiculaires, à partir de leur pied, des longueurs proportionnelles à celle des perpendiculaires, le lieu géométrique des points obtenus est une ellipse.

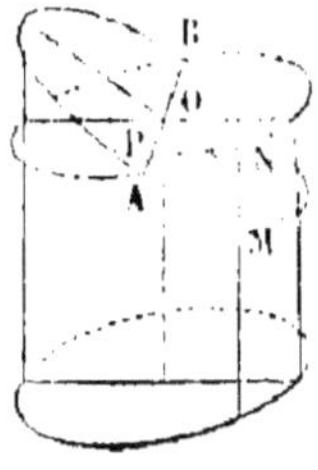

Soit en effet un cylindre droit à base circulaire (fig. 74); coupons ce cylindre par un plan oblique à l'axe, soit O le point de rencontre de ce plan avec l'axe; menons par le point O un plan perpendiculaire à l'axe, soit AB la ligne d'intersection de ces deux plans. D'un point M de la section oblique, abaissons une perpendiculaire MP sur AB, soit MN la génératrice du cylindre qui passe en M; si on joint NP, MP

Fig. 74.

sera perpendiculaire sur AB. Or le rapport de MP à NP est constant, car le triangle MNP reste semblable à lui-même quelle que soit la position du point M, puisque ses angles sont invariables. Donc, d'après la proposition énoncée, le lien des points M est une ellipse.

Tracer le développement d'une surface cylindrique droite et tronquée.

85. Ce développement peut être tracé expérimentalement d'une façon très-simple en roulant sur le cylindre une feuille de papier qu'on limite à sa surface latérale et qu'on étend ensuite sur un plan. Le tracé géométrique se fait sans difficulté, si l'on dessine l'élévation du tronc de cylindre proposé. Or cette élévation est très-aisée à représenter sur un plan passant par l'axe du cylindre perpendiculairement au plan de la section oblique.. Elle est en effet représentée par un trapèze rectangle, en supposant la base circulaire du cylindre dans un plan horizontal, ce qui réduit à un cercle la projection du cylindre sur ce plan (fig. 75). Prenez en effet sur le cercle de base

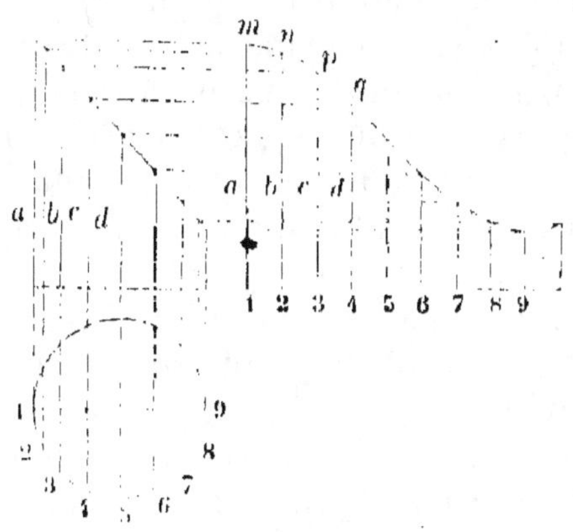

Fig. 75.

des points 1, 2, 3, 4, 5..., à volonté, équidistants pour plus de simplicité. Partagez, par exemple, la demi-circonférence en 8 parties égales. Sur une ligne droite, portez une longueur égale à cette demi-circonférence et partagez-la aussi en 8 parties égales que vous numéroterez de la même manière. Par les points de division 1, 2, 3..., menez, à la base de l'élévation, les perpendiculaires a, b, c..., et portez leur longueur sur la demi-circonférence développée aux points correspondants 1, 2, 3...; joignez par une ligne courbe tous les points obtenus : la ligne m, n, p.... sera le développement de la moitié de la surface du tronc, le développement de l'autre moitié donnera une ligne symétrique par rapport à la génératrice qui correspond à la division 9.

Le boisselier, le ferblantier ont journellement à construire des cylindres droits et creux.

86. La surface cylindrique est fréquemment employée. Toutes sortes de vases en bois, en terre ou en verre servant à divers usages ; un grand nombre d'enveloppes en bois, en carton ; les tuyaux de terre cuite pour le drainage ; les tuyaux de conduite en fer, en fonte, en plomb, en tôle, en fer-blanc ; les tubes en verre, en cuivre, etc., sont des cylindres tantôt ouverts aux deux extrémités, tantôt fermés par une extrémité. Le fréquent emploi de la forme cylindrique tient à sa simplicité. Un vase cylindrique n'a que deux parties distinctes : le fond et la paroi latérale ; un vase prismatique a au moins quatre parties ; les tuyaux sont des récipients, incomplets, il est vrai, mais formés d'une seule pièce. Il résulte de là évidemment une facilité de fabrication qui doit faire préférer la forme cylindrique à toute autre. Entre tous les cylindres, le cylindre à base circulaire est d'un emploi général, car il a l'avantage de renfermer le plus grand volume sous la plus petite surface. La forme circulaire est en outre celle qui s'obtient le plus aisément. Les cylindres employés comme supports offrent dans tous les sens la même résistance. S'ils sont creux, ils offrent, à vol ume égal, plus de stabilité que des cylindres pleins.

Il est souvent nécessaire de changer la direction d'un cylindre lorsqu'il fonctionne comme tuyau servant à conduire l'eau, le gaz, la vapeur, la fumée. Quelquefois le tuyau, par la nature de la matière dont il est formé et par ses dimensions, se prête à une déformation; les tuyaux en plomb qui servent à conduire le gaz sont dans ce cas; il en est de même des tubes de cuivre qui entrent dans la construction des instruments de musique.

Lorsque le tuyau ne se prête pas à cette déformation, on construit des pièces spéciales non cylindriques qui servent à raccorder les divers cylindres, et à l'aide desquelles on évite simplement les changements brusques de direction, ou bien on réunit directement les deux cylindres comme dans les tuyaux de poêle. Nous allons examiner les conditions dans lesquelles se fait la rencontre de deux cylindres de même rayon dont les axes se rencontrent. Observons d'abord que :

Deux cylindres dont les axes sont parallèles ne peuvent se couper que suivant deux génératrices.

87. Si on mène en effet un plan perpendiculaire à la direction des génératrices, ce plan détermine dans les deux cylindres deux cercles qui se coupent au plus en deux points, et ces deux points, quand les deux cercles en se déplaçant engendrent le cylindre, décrivent deux génératrices communes aux deux surfaces.

Deux cylindres de même rayon dont les axes se rencontrent se coupent suivant une ellipse.

88. Soient deux cylindres dont les axes sont OA et OB (fig. 76); traçons les génératrices de ces cylindres qui sont situées dans le plan des axes; ces quatre droites se rencontrent en quatre points M, N, P, Q, qui appartiennent à l'intersection des deux cylindres. Imaginons au point O la perpendiculaire RS au plan des axes et prenons OR et OS égaux au rayon des cylindres, les points R et S seront aussi communs aux deux cylindres.

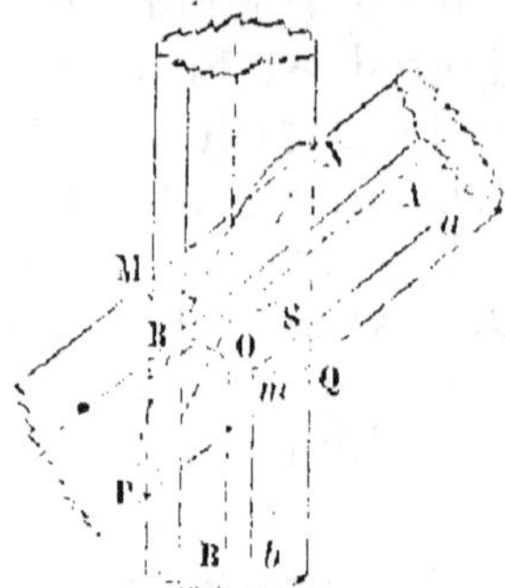

Fig. 76.

Nous allons reconnaître que tous les points communs aux deux cylindres sont situés dans les deux plans RMSQ, RNSP, et par cela même démontrer que la ligne d'intersection des deux cylindres se compose de deux ellipses, puisque nous avons vu que la section d'un cylindre par un plan est une ellipse.

Supposons, pour simplifier, les cylindres terminés à leur intersection suivant la courbe MRQS. Si on observe que la figure MNPQ est un losange, on voit que MQ est la bissectrice de l'angle PMN ou de l'angle des axes des deux cylindres; le plan MRQS est donc le plan de symétrie des axes des deux cylindres. Si une droite ma, parallèle à l'axe OA de l'un, engendre le cylindre, la droite symétrique mb engendre un cylindre de même rayon dont l'axe est OB, et comme une génératrice et sa symétrique se rencontrent dans le plan de symétrie, on voit que la ligne d'intersection des deux cylindres est située dans ce plan; donc cette ligne est une ellipse (§ 84). On voit que RS, diamètre du cylindre, est le petit axe de cette ellipse, et MQ son grand axe. Comme MQ est perpendiculaire à NP, il est démontré que :

Deux cylindres de même rayon dont les axes se rencontrent se coupent suivant deux ellipses. Ces ellipses sont situées dans deux plans perpendiculaires au plan des axes et menées par les bissectrices des angles de ces axes. La droite d'intersection de ces deux plans, diamètre commun des deux cylindres, est le petit axe de chacune de ces deux ellipses.

Les intersections de surfaces cylindriques ont de nombreuses applications : rencontre de deux galeries en berceau, voûtes en arc de cloîtres, tuyaux disposés en T, — robinets cylindriques.

89. Dans un grand nombre de circonstances où l'on fait usage des surfaces cylindriques, il y a lieu de consi-

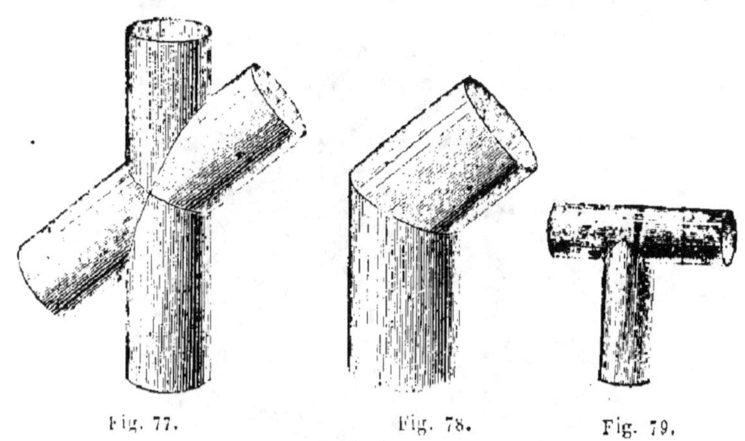

Fig. 77.   Fig. 78.   Fig. 79.

dérer les conditions de leur rencontre. Ce problème est à sa véritable place en géométrie descriptive. Si l'on se borne à considérer des cylindres de révolution de même rayon dont les axes se coupent, nous avons vu que leur intersection se faisait dans des conditions assez simples. La figure 77 en rend compte d'une manière générale; les figures 78, 79 en montrent des applications à l'intersection de deux tuyaux; les figures 80 et 81 montrent la rencontre de deux berceaux cylindriques.

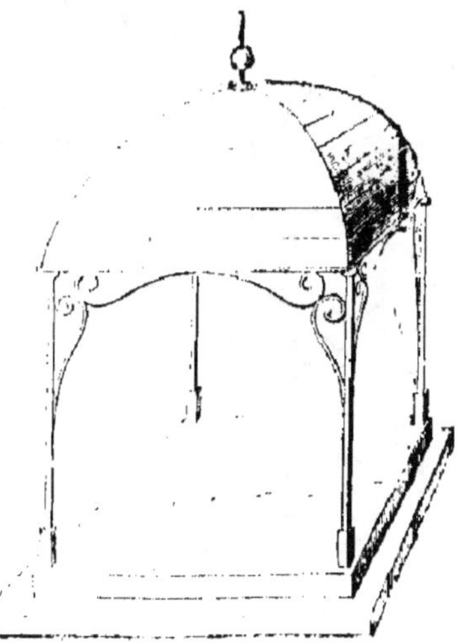

Fig. 80.

Les robinets qui changent la direction d'un tuyau en offrent encore un exemple.

Fig. 81.

Un robinet est une portion de tuyau rendue mobile. Tantôt il est placé en un point quelconque du tuyau

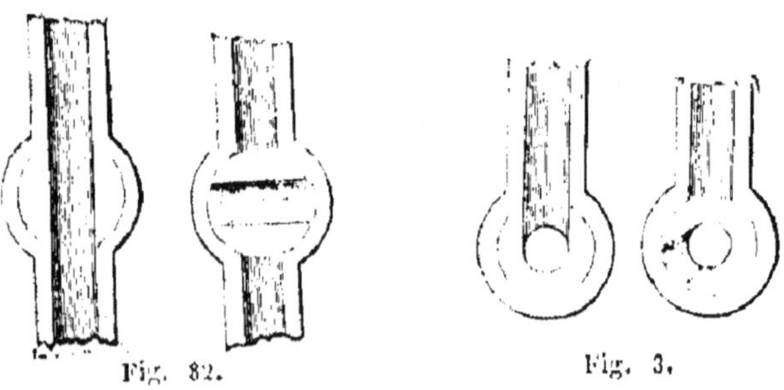

Fig. 82.   Fig. 3.

(fig. 82); tantôt il est placé à un coude (fig. 83). Dans le premier cas, une portion du tuyau tourne par la fermeture du robinet et se place comme on le voit dans la figure 82. Dans le second cas, l'un des tuyaux tourne sur son axe, emportant avec lui une partie du premier tuyau et produisant ainsi une fermeture. Lorsque le robinet est ouvert, les parois intérieures forment deux cylindres qui se rencontrent comme les deux portions d'un coude de tuyau de poêle.

Tracer le développement d'un cylindre de révolution rencontré ou traversé par un autre cylindre de même diamètre.

90. On suppose dans ce problème que les axes se rencontrent. Dès lors la question est ramenée à tracer le développement d'un cylindre tronqué (§ 85). Les deux cylindres se rencontrent en effet suivant une ellipse dont le plan fait, avec l'axe de chacun des deux cylindres, un angle moitié de celui des deux axes.

Si les deux cylindres s'arrêtent mutuellement à leur intersection (fig. 78), l'assemblage sera formé de deux pièces découpées de la même manière. La figure 84 représente le demi-développement de l'un des cylindres.

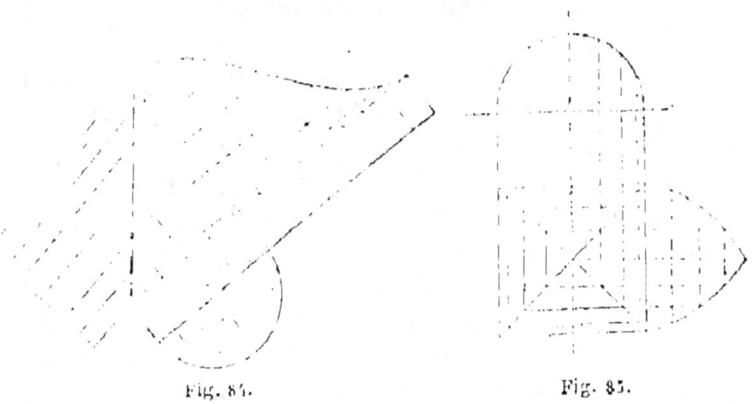

Fig. 84.   Fig. 85.

Si les deux cylindres se traversent (fig. 77), leur assemblage sera formé de quatre pièces identiques. La figure 85 représente le demi-développement de l'une des quatre parties qui composent l'assemblage. Le tracé de la figure 86 correspond à la seconde manière d'envisager

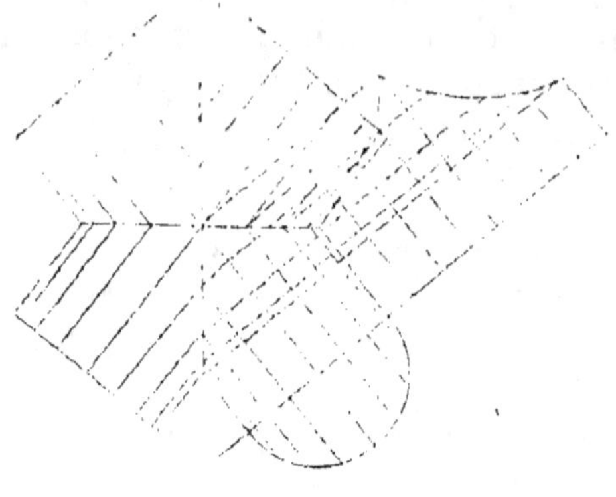

Fig. 86.

l'intersection de deux cylindres, représentée en perspective dans la figure 81.

On tracerait sans plus de difficulté le développement de deux pièces devant former l'assemblage en T (fig. 79).

Surfaces cylindriques tangentes selon une génératrice commune. — Laminoirs.

91. Lorsque les axes de deux cylindres de révolution sont parallèles, les deux cylindres sont tangents extérieurement si la distance des axes est égale à la somme de leurs rayons. L'un d'eux étant creux, ils sont tangents extérieurement si la distance des centres est égale à la différence des rayons. Dans les deux cas, les cylindres se touchent suivant une génératrice. Si, deux cylindres mobiles autour de leurs axes étant en contact, l'un d'eux vient à recevoir un mouvement de rotation autour de son axe, l'autre prend un mouvement en sens contraire : c'est là le principe des engrenages. On assure cette transmission de mouvement en armant de dents chacun des deux cylindres.

Écartons un peu les deux cylindres en interposant une lame à faces parallèles, leurs axes resteront parallèles. Le mouvement de l'un d'eux entraînera la lame et celle-ci fera tourner l'autre cylindre. Ce résultat sera d'autant plus sûrement produit que la lame sera pressée entre les deux cylindres. On a donc ainsi le moyen de soumettre une lame successivement à une égale pression sur sa surface, pression qui a pour effet d'amincir la lame comme le choc d'un marteau. Tel est le principe des laminoirs employés pour la fabrication de diverses matières, dans la préparation des étoffes, l'impression, etc.

Surfaces cylindriques équidistantes.

Étant donnés un cylindre de révolution et un point A non situé sur sa surface, si de ce point on abaisse une perpendiculaire sur l'axe du cylindre, cette droite coupe la surface en deux points B et C; la plus courte des deux lignes AB, AC est ce qu'on nomme la distance du point A à la surface du cylindre.

Imaginez une droite parallèle à une génératrice du cylindre, tous les points de cette droite seront à la même distance de la surface; faites tourner la droite autour de l'axe du cylindre, elle engendre un autre cylindre, les surfaces des deux cylindres sont équidistantes, c'est-à-dire que la distance d'un point pris sur l'un des cylindres à l'autre cylindre est la même, quel que soit le point considéré. C'est le cas ordinaire des cylindres creux ou des tuyaux, des corps de pompe, etc.

SURFACES CONIQUES.

Deux manières de produire une surface conique. Cône droit, oblique, tronqué, nappes du cône.

92. La considération des surfaces prismatiques nous a conduit, par une généralisation facile, aux surfaces cylindriques. La considération de la pyramide va nous conduire de la même manière aux surfaces coniques.

Nous pouvons, en effet, regarder la surface latérale d'une pyramide comme engendrée par le mouvement d'une droite SG passant par un point fixe S, sommet de la pyramide et s'appuyant sur un contour polygonal (fig. 87). Substituons à ce contour polygonal une ligne courbe quelconque, la surface engendrée se nommera une figure conique (fig. 88 et 89).

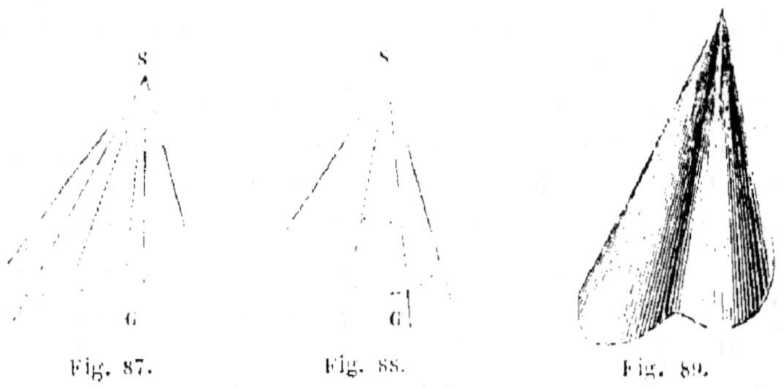

Fig. 87.   Fig. 88.   Fig. 89.

La droite mobile se nomme la *génératrice*, la ligne courbe qui guide son mouvement s'appelle la *directrice*. Si la génératrice se prolonge de part et d'autre du sommet, les deux surfaces situées de part et d'autre de ce sommet forment les deux *nappes*. Coupons la surface par un plan, la partie limitée à ce plan et au sommet est ce qu'on nomme un *cône*, la courbe située dans le plan est la base.

Un cône est défini par sa base et son sommet.

Nous considérerons uniquement les cônes dont la base est un cercle et nous en distinguerons deux sortes, le *cône droit* et le *cône oblique*. Dans un cône droit le sommet est situé sur la perpendiculaire élevée au plan de la base par son centre (fig. 90). Dans le cône oblique (fig. 91) le sommet est en dehors de cette perpendiculaire. Un plan parallèle à la base d'un cône sépare à partir de la base un cône tronqué ou *tronc de cône* (fig. 92).

Fig. 90.   Fig. 91.   Fig. 92.

95. Les cônes pouvant être assimilés à des pyramides dont la base serait un polygone ayant un très-grand nombre de côtés très-petits, les propositions démontrées pour les pyramides à base polygonale peuvent se transporter aux cônes. C'est ainsi que dans un cône :

Les sections faites par des plans parallèles à la base sont des courbes semblables à la base, le rapport de similitude des deux courbes est égal au rapport de leurs distances au sommet du cône.

D'après cela, on peut regarder une surface conique comme engendrée par le mouvement d'une courbe dont le plan se déplace en restant parallèle à sa direction, tandis que la courbe reste semblable à elle-même et que les homologues de deux de ses points décrivent deux droites menées du sommet du cône. Ce mode de génération des cônes offre toutefois un médiocre intérêt.

Génération du cône par la révolution d'un triangle rectangle.

Fig. 93.

94. Le cône droit à base circulaire comporte une génération particulière au moyen de laquelle on le définit ordinairement en géométrie. On peut le considérer comme engendré par un triangle rectangle SAB qui tourne autour des côtés de l'angle droit (fig. 93). Le côté fixe SA se nomme l'*axe* du cône, le côté mobile AB engendre la base, l'hypoténuse SB engendre la surface latérale; l'angle ASB est le demi-angle du cône. Nous nommons ce cône *cône de révolution*.

Dessiner un cône de révolution dont on donne la génératrice et le rayon de base, un cône oblique à base circulaire, le rayon de la base étant donné ainsi que la longueur et la pente de la génératrice la plus courte.

95. La première question n'exige aucune explication; cela revient à construire un triangle rectangle, connaissant l'hypoténuse et un côté de l'angle droit (fig. 94).

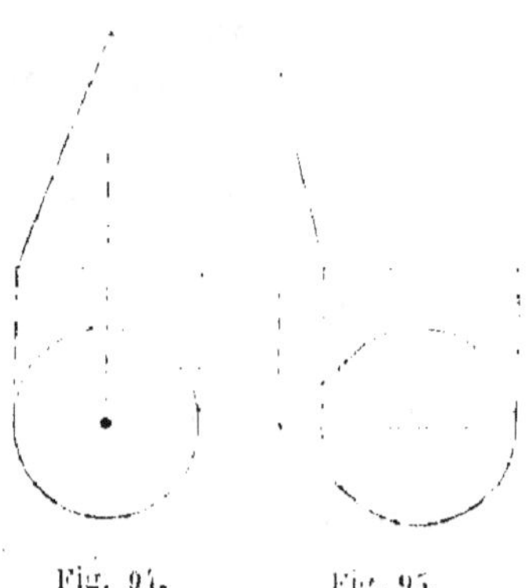

Fig. 94. Fig. 95.

Pour donner l'élévation du cône oblique sur un plan mené par son sommet perpendiculairement à la base, il suffit d'observer que ce plan contient la génératrice la plus courte du cône, car on voit aisément qu'elle s'écarte moins que toute autre du pied de la perpendiculaire abaissée du sommet du cône sur le plan de la base. La figure 95 dispense d'explications plus étendues.

On nomme *trompe*, en architecture, une voûte co-

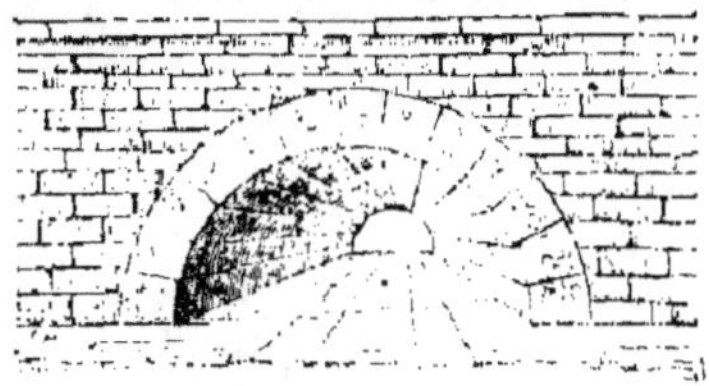

Fig. 96.

nique; elle est souvent usitée dans la fortification
(fig. 96).

Les surfaces coniques sont développables. — Un cône de révolution se développe suivant un secteur circulaire. — Tracé de ce développement. — Rapport des surfaces de deux cônes de révolution.

96. Étant donnée une pyramide posée sur un plan par une de ses bases latérales, il est clair qu'on peut amener dans ce plan les faces voisines en les faisant tourner autour des arêtes situées dans le plan de la première face et amener ainsi de proche en proche à étaler sur le plan toutes les faces de la pyramide. Si la pyramide était en papier, par exemple, rien ne serait plus facile, en l'ouvrant suivant une arête, de l'étendre sur un plan ou de la *développer*.

D'après la définition donnée de la surface conique, la même propriété s'applique à cette surface, ce qu'on exprime en disant que toute surface conique est développable. Prenez un abat-jour, ouvrez-le, vous pourrez l'étaler sur un plan.

Si la surface conique est un cône de révolution et si on ouvre le cône suivant une génératrice, comme toutes les génératrices sont égales, le développement sera un secteur circulaire dont le rayon sera égal à la longueur de la génératrice et dont l'arc sera égal à la circonférence de base du cône.

Le développement d'un cône de révolution peut donc se tracer avec la plus grande facilité quand le cône est défini. La figure 97 représente le développement du cône de la figure 93.

Le rapport des surfaces de deux cônes de révolution est donc égal au rapport des surfaces des secteurs qui en représentent le développement. Ce rapport est celui des produits de la longueur de la génératrice par la circonférence de base.

Fig. 97.

Diverses espèces de sections faites dans un cône par un plan. — Exemples.

97. Nous avons vu que la section d'un cylindre de révolution par un plan oblique à l'axe est une ellipse. La section d'un cône de révolution par un plan oblique à l'axe est une courbe dont la forme dépend essentiellement du rapport de grandeur de l'angle du plan sécant avec l'axe à l'angle de la génératrice du cône avec ce même axe.

On peut étudier expérimentalement ces sections d'une manière fort simple. Prenez un cône de révolution, en bois ou en tôle, plongez-le partiellement dans l'eau, ou remplissez-le d'eau s'il est creux, et examinez la ligne d'intersection de la surface de l'eau et de celle du cône (fig. 98). Quand l'axe du cône est vertical, le contour de l'eau dessine un cercle sur le cône. Inclinez l'axe, le cercle s'allonge dans le plan vertical qui contient l'axe et devient une ellipse; inclinez encore, l'ellipse s'allonge davantage, la longueur du cône devient bientôt insuffisante; quand une des deux génératrices du cône situées dans le plan vertical qui contient l'axe devient parallèle à la surface de l'eau, l'ellipse a un sommet infiniment éloigné; on la nomme une *parabole*.

Reprenez l'expérience avec un cône à deux nappes et faites-les plonger toutes deux partiellement dans l'eau ;

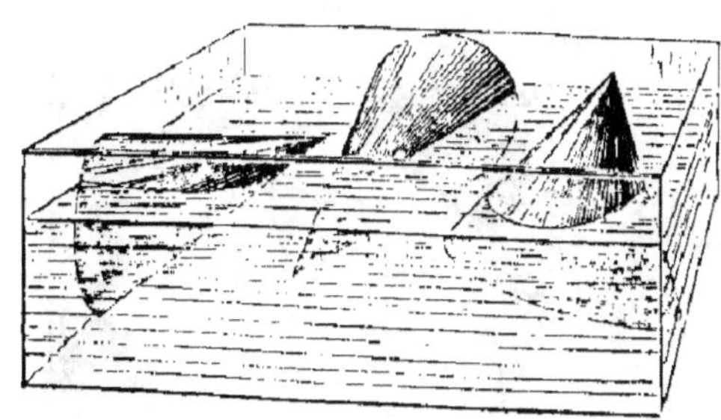

Fig. 98.

la ligne d'intersection se compose d'une courbe à deux branches, ce n'est plus une ellipse ou une parabole, on la nomme une *hyperbole*.

Vous pouvez voir tous les soirs, sans sortir de chez vous, des cercles, des ellipses, des paraboles et des hyperboles, ou tout au moins des portions de ces courbes ; car l'ombre que projette l'abat-jour de votre lampe, arrêtée par des plans qui ont sur l'axe de l'abat-jour des inclinaisons diverses, peut dessiner toutes ces courbes sur ces divers plans.

Voulez-vous prendre des mesures et étudier d'un peu plus près ces sections ? Vous pouvez réaliser un cône de lumière ayant tel angle que vous voudrez avec une source lumineuse dont vous réduirez les dimensions convenablement, de façon qu'on puisse la considérer comme un point lumineux formant le sommet du cône, et, à l'aide d'un écran percé d'une ouverture circulaire et disposé de façon que le point lumineux soit sur la perpendiculaire au plan de l'ouverture menée par son centre, vous pourrez, en rapprochant ou en éloignant l'écran de la source lumineuse, vous procurer un cône de lumière plus ou moins ouvert (fig. 99).

Présentez à ce cône lumineux un écran, vous aurez sur l'écran, suivant sa position, un cercle, une ellipse, une portion de parabole ou d'hyperbole, et vous pourrez même prendre sans difficulté toutes les mesures qu'il vous plaira.

La figure 99 présente sur le plan horizontal une por-

Fig. 99.

tion de parabole et une portion d'ellipse sur un écran vertical, mais non perpendiculaire à l'axe du cône.

Lorsque le plan de l'écran se meut parallèlement à lui-même, la courbe dessinée reste semblable à elle-même (§ 95). Il est facile d'en conclure qu'un plan coupe un cône de révolution suivant une ellipse, une parabole ou une hyperbole, suivant qu'un plan parallèle au plan sécant et mené par le sommet du cône ne rencontre pas le cône, lui est tangent ou le coupe suivant deux droites

Dessiner un tronc de cône de révolution à bases parallèles, connaissant l'axe et les rayons des bases. — Tracer son développement.

98. Cela revient à construire un trapèze isocèle connaissant les bases et la hauteur (fig. 100).

Quant au développement du tronc de cône, on l'obtient en effectuant le développement du cône total et imitant le secteur obtenu à un arc concentrique distant du premier de la longueur du côté du trapèze isocèle.

Fig. 100.

Les ferblantiers, les cartonniers, font usage de ce développement pour fabriquer un certain nombre de produits.

Dessiner un tronc de cône de révolution à troncature elliptique. — Tracer le développement.

99. Nous avons dit qu'un plan oblique à l'axe d'un cône pouvait le couper suivant une ellipse. On représentera le tronc de cône obtenu par cette section (fig. 101) par son plan et son élévation sur un plan perpendiculaire aux deux bases (fig. 102). On figurera d'abord l'élévation qui sera représentée par le quadrilatère ABDC résultant de la section du triangle isocèle qui représente l'élévation du cône par la droite qui représente le plan sécant. La longueur de cette

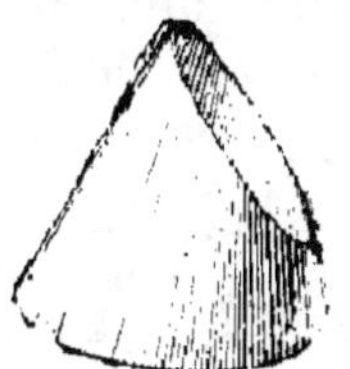

Fig. 101.

droite représentera le grand axe de l'ellipse de section, on obtient la longueur du petit axe en menant par le milieu E une horizontale terminée au contour du cône. On peut dès lors tracer aisément la figure de cette ellipse sur le plan horizontal puisqu'on connaît ses sommets.

Pour tracer le développement de la surface latérale de la troncature, on figure d'abord le développement du

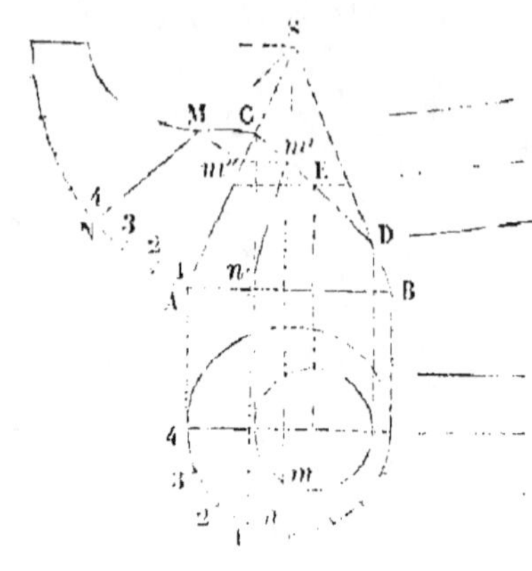

Fig. 102.

cône de révolution, on partage la demi-circonférence de la base en un certain nombre de parties égales, 8, par exemple, aux points 1, 2, 3.... On partage aussi le demi-arc du secteur en 8 parties égales aux points 1, 2, 3..., et on joint les points de division au centre du secteur. Il s'agit maintenant de porter sur ces rayons, à partir des points de division, des longueurs égales aux portions des génératrices du cône interceptées entre la base circulaire et la troncature elliptique. Considérez une de ces droites représentée en projection sur le plan par mn et en projection sur l'élévation par $m'n'$. On reconnaît aisément que la longueur de la droite ainsi projetée est précisément représentée par la distance $m''A$ obtenue en menant par le point m' la droite horizontale $m'm''$. Ainsi $m''A$ sera la longueur à porter sur le rayon mené à la division 4 dans le développement et à partir de cette division. On obtiendra ainsi le point M ; en répétant cette construction et joignant les points obtenus par une ligne courbe. on aura la limite de la moitié du développement de la troncature elliptique. Au reste, la solution des problèmes graphiques relatifs à la représentation des corps appartenant essentiellement à la géométrie descriptive, le lecteur trouvera dans l'étude de cette partie de la géométrie les explications plus complètes qui ne peuvent trouver place ici.

On peut éviter toutes ces considérations dans la pratique par une expérience très-simple. Recouvrez le cône d'une feuille de papier limitée à sa base et plongez-le dans un liquide de façon que le contour du liquide marque la troncature à effectuer; en déroulant le papier, vous aurez un patron dont vous pourrez faire usage pour découper des feuilles propres à construire de semblables troncs de cône.

Des cônes tangents les uns aux autres ou à d'autres surfaces.

100. Lorsqu'un cône est posé sur un plan qui contient son sommet, le plan est dit *tangent* au cône. Ces deux surfaces se touchent par une infinité de points situés sur une génératrice du cône qu'on appelle la génératrice de contact.

Une surface quelconque, cône ou cylindre, à laquelle ce même plan serait tangent en un point de la même génératrice, est dite tangente au premier cône.

En d'autres termes, deux surfaces coniques ou cylindriques sont tangentes lorsqu'elles ont en un point même plan tangent. Il ne s'agit point ici d'étudier le contact de ces surfaces, mais seulement d'examiner quelques contacts particuliers des cônes et des cylindres de révolution en vue de quelques applications spéciales.

Nous avons examiné plus haut l'intersection de deux cylindres de révolution de même rayon dont les axes se rencontrent (§ 88); ces deux cylindres ont même plan tangent aux points R et S. Les génératrices de contact sont des parallèles aux axes menées par ces points.

101. On démontre généralement que : si deux cônes de révolution ou deux cylindres, ou un cône et un cylindre ont deux plans tangents communs, les deux surfaces se coupent suivant deux lignes courbes planes. La

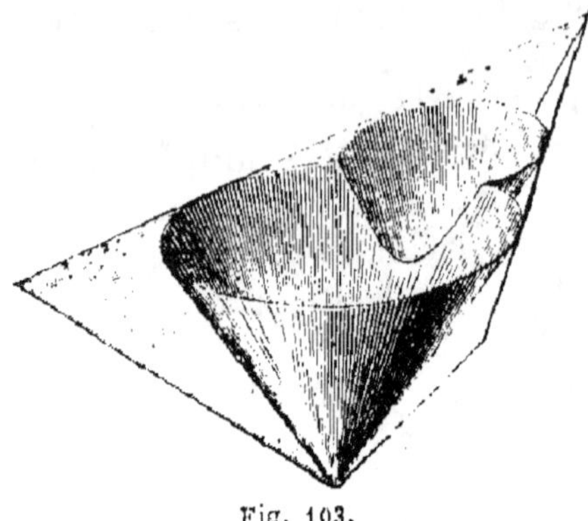

Fig. 103.

figure 103 représente deux cônes ayant deux plans tangents communs et dont les axes sont parallèles.

Nous pourrons aisément, en nous appuyant sur cette proposition, résoudre la question suivante, que peuvent souvent se poser les poêliers :

Tracer un cylindre de révolution qui puisse s'ajuster en coude à la troncature d'un tronc de cône de révolution.

102. La question peut être envisagée de deux manières :

Ou bien la troncature du cône est donnée d'avance, et il suffit alors de construire un cylindre de révolution sur lequel puisse se placer l'ellipse de troncature; ou bien le cône et le cylindre sont donnés ainsi que l'angle de leurs axes, et il s'agit d'en préparer l'assemblage.

Dans le premier cas, on construit un cylindre de révolution ayant pour diamètre le petit axe de l'ellipse de troncature donnée, et il suffit de couper ce cylindre par un plan de façon que l'ellipse de section ait pour grand axe celui de l'ellipse de troncature. Pour cela, on marquera sur le cylindre deux points situés sur deux génératrices opposées et distants de la longueur du grand

axe, et on coupera le cylindre par un plan passant par
ces deux points perpendiculairement au plan des deux
génératrices opposées.

Si le tronc de cône est dessiné (fig. 102), on pourra immédiatement représenter le cylindre. Son axe passera
en effet par le point E, et devra faire avec l'axe du cône
un angle égal à l'angle de CD avec cet axe; le dessin
s'achève aisément. Il est tracé partiellement dans la figure 102.

Le second problème est plus difficile à résoudre. Je
me bornerai à décrire la solution. Figurez la projection
du cône (fig. 104), et, par le sommet, menez une droite

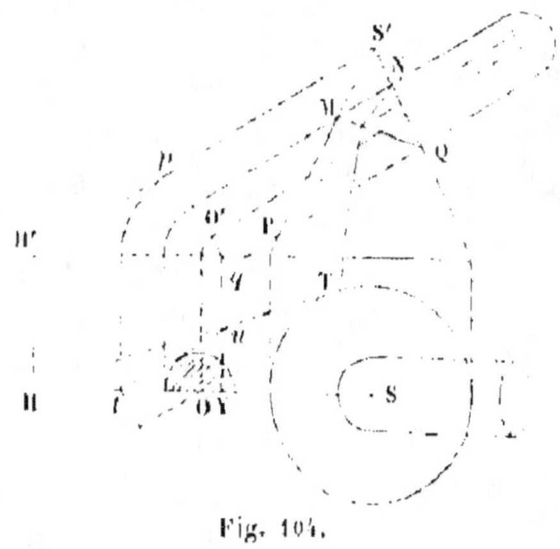

Fig. 104.

parallèle à la direction de l'axe du cylindre que l'on suppose parallèle à l'élévation. Il faut maintenant dessiner
l'élévation de ce cylindre, c'est-à-dire d'un cylindre de
révolution de rayon donné et qui soit tangent aux deux
plans qui, touchant le cône, se coupent suivant la droite
SH, S' H' On obtient les deux droites parallèles qui fi-
gurent l'élévation du cylindre en construisant le cercle O
suivant lequel ce cylindre est coupé par un plan pqY quelconque perpendiculaire à SH, ce qui fournit l'élévation
d'une section droite du cylindre et par suite l'élévation
du cylindre lui-même. Pour cela, menez la tangente HT,
une droite quelconque pq perpendiculaire à S'H' et qY per-

pendiculaire à SH, prenez rY égal à qp, joignez tu et tracez le cercle O, section droite du cylindre, tangent à tu et ayant son centre sur SH; enfin prenez qO′ égal à rO, la parallèle à S′H′ menée par le point O′ sera l'axe du cylindre; dès lors on tracera sans peine son élévation. Les droites MQ, NP représentent alors les plans des troncatures à effectuer suivant que le cylindre à raccorder est dirigé vers le haut ou vers le bas, et la question s'achève sans difficulté. Pour compléter la figure, on a aussi dessiné la projection horizontale. La figure 105 montre cet assemblage en perspective.

Fig. 105.

La solution de ce problème est utile lorsque l'on veut raccorder deux cylindres de révolution de diamètres inégaux. On termine le cylindre de plus grand diamètre par un tronc de cône auquel se raccorde le plus petit cylindre par une troncature elliptique convenable.

Deux cylindres de révolution, ou deux cônes, ou encore un cône et un cylindre qui ont même plan tangent le long d'une génératrice commune se coupent aussi suivant une courbe plane, s'ils ont d'autres points communs que ceux qui appartiennent à la génératrice de contact.

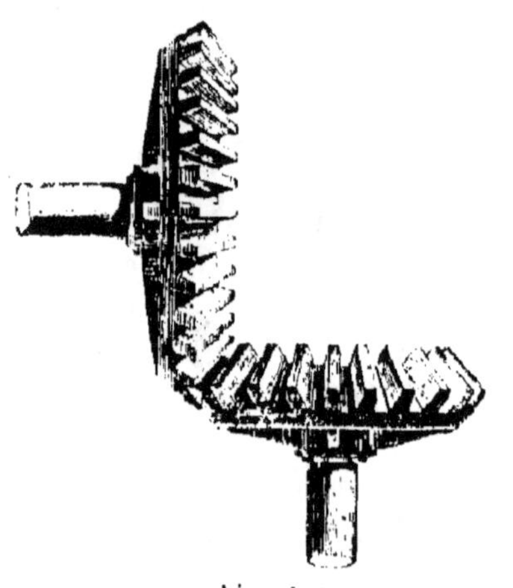

Fig. 106.

Le cas le plus fréquent est celui d'un cône tangent à un plan ou de deux cônes tangents; ainsi on emploie, pour broyer diverses matières, des cônes que l'on fait rouler sur un plan. Un engrenage conique se compose de deux cônes tronqués ayant même sommet et se touchant le long d'une génératrice. Si l'on donne à l'un des cônes un mouvement de rotation autour de son axe qui est fixe, l'autre cône tourne en sens contraire. Les cônes sont armés de dents pour éviter le glissement que pourraient produire les résistances opposées au mouvement du second cône (fig. 106).

Il est aisé de reconnaître les propriétés suivantes :

L'intersection d'un cône et d'un cylindre de révolution ou de deux cônes de révolution ayant même axe est une circonférence.

103. Le centre de cette circonférence est sur l'axe commun, et son plan est perpendiculaire à cet axe (fig. 107). Cela résulte de la génération même de ces surfaces par la révolution de triangles ou de rectangles autour d'un côté qui leur est commun.

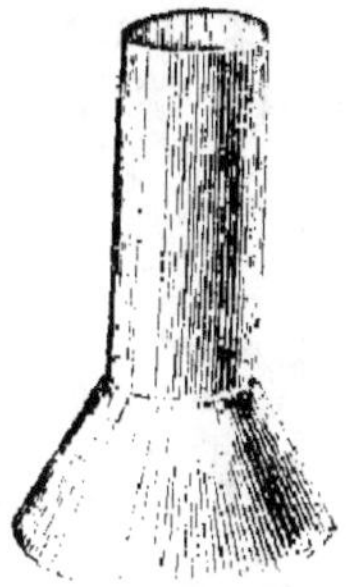

Fig. 107.

Deux cônes de révolution de même angle, à une seule nappe et dont les axes se confondent, sont partout également distants.

104. Si, par un point pris en dehors de la surface d'un cône, on abaisse une perpendiculaire sur les génératrices du cône situées dans un plan qui contient le point donné et l'axe du cône, la plus courte de ces deux perpendiculaires est la distance du point à la surface du cône. D'après cela, comme un plan passant par l'axe commun des deux cônes les coupe suivant des génératrices deux à deux parallèles, on voit que la distance d'un point de l'un des cônes à l'autre est la même quel que soit le point considéré : les deux cônes sont partout également distants (fig. 108). S'ils viennent à se toucher, ils se toucheront par toute leur surface.

Pour produire ce contact ou plutôt cette coïncidence, il suffit de faire glisser l'un des cônes le long de son axe.

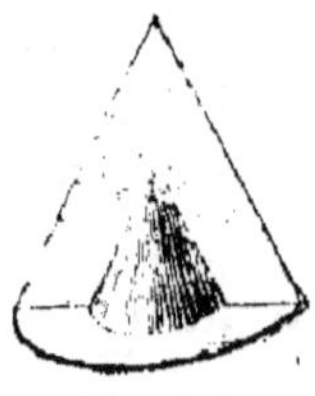

Fig. 108.

Si l'on presse l'un des cônes contre l'autre, cette pression s'exerce sur toute la surface commune. C'est ainsi qu'un bouchon conique, un robinet, une soupape peuvent produire une fermeture hermétique. On fait aussi usage de cette propriété dans les machines pour établir ou rompre une communication de mouvement entre deux arbres situés dans le prolongement l'un de l'autre, ce que l'on appelle *embrayer* et *désembrayer*. Pour cela, l'un des arbres est muni à son extrémité d'un cône M mobile le long de l'arbre, mais qui

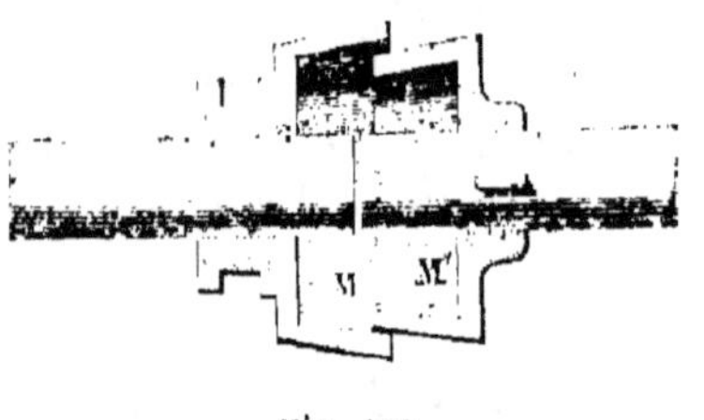

Fig. 109.

ne peut tourner autour de cet arbre (fig. 109); l'autre arbre est muni d'un cône M' de même angle complétement fixé à l'arbre. En appuyant le cône M' sur le cône M, l'embrayage est établi; il est rompu en écartant le cône M'.

Surfaces développables et surfaces gauches.

105. Nous venons de voir que les surfaces cylindriques et les surfaces coniques peuvent s'appliquer sur un plan sans se déchirer, en d'autres termes, que ces surfaces sont *développables*. On démontre que toute surface engendrée par le mouvement d'une ligne droite qui se meut en restant tangente à une ligne courbe est une surface *développable*. Toute surface *réglée*, c'est-à-dire engendrée par le mouvement d'une ligne droite qui n'est pas développable, se nomme une surface *gauche*. Telle est la surface engendrée par une ligne droite qui tourne autour d'une autre ligne à laquelle elle reste perpendiculaire, tandis que le point de rencontre des deux lignes se meut sur l'axe : le dessous d'un escalier tournant (fig. 110), la vis ordinaire (fig. 111), la vis d'Archimède

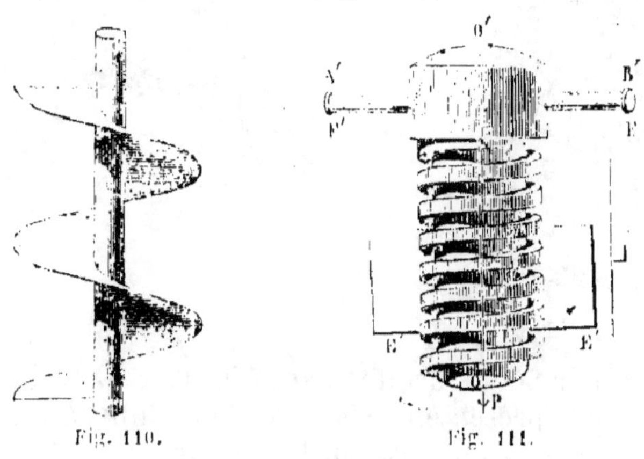

Fig. 110.   Fig. 111.

(fig. 112), qui sert à l'élévation des eaux, en offrent des

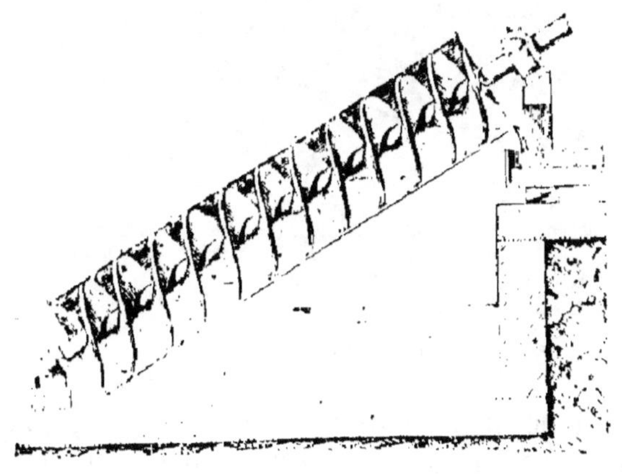

Fig. 112.

exemples. Telle est aussi la surface engendrée par une

droite qui tourne autour d'un axe non situé dans le
même plan (fig. 113). Telle est encore la surface engendrée par une droite qui reste parallèle à un plan fixe en

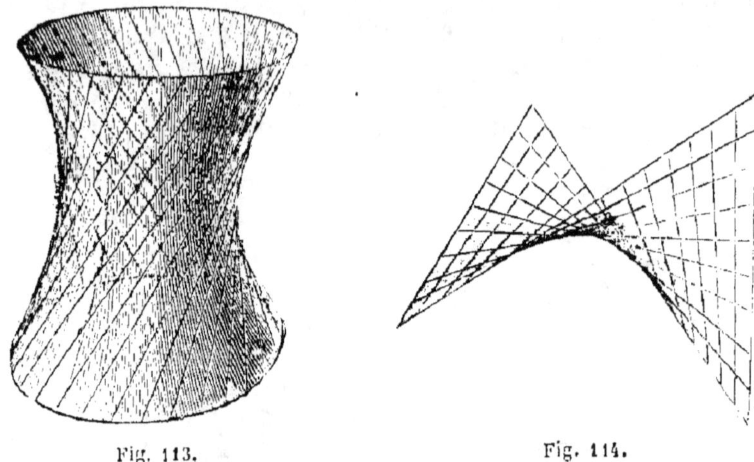

Fig. 113.   Fig. 114.

s'appuyant sur deux droites fixes (fig. 114). Cette surface
est celle que présentent les ailes de moulins à vent. On
l'emploie aussi pour raccorder un mur, vertical par

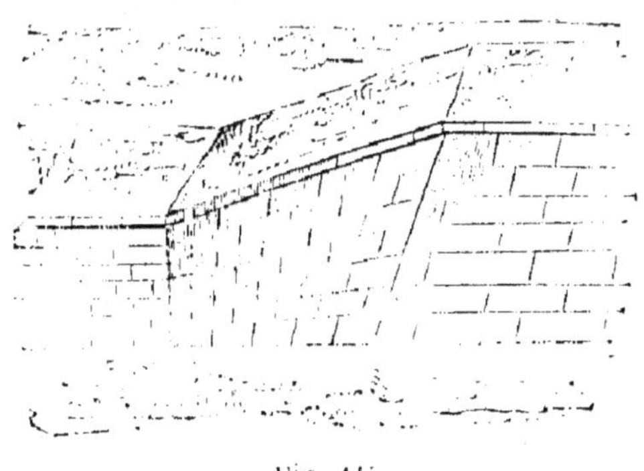

Fig. 115.

exemple, avec un mur incliné (fig. 115). Elle jouit d'une
propriété remarquable qui en rend la construction facile. Cette propriété consiste en ce qu'une droite parallèle au plan des deux droites fixes peut s'appliquer sur
cette surface.

SURFACE SPHÉRIQUE.

Génération de cette surface. — Sa représentation.

106. On appelle sphère la surface engendrée par une demi-circonférence tournant autour de son diamètre. Comme, dans ce mouvement, tous les points de la circonférence mobile restent à une distance constante de son centre qui est fixe , on voit qu'on peut aussi définir la sphère *le lieu des points de l'espace qui sont à la même distance d'un point fixe.* Le point fixe se nomme le *centre* de la sphère, la distance d'un point quelconque de sa surface au centre en est le *rayon.* Une sphère est définie de grandeur quand on donne son rayon. Si, de plus, on donne le centre de la sphère, la position de la sphère est aussi définie.

L'intersection d'une sphère et d'un plan est une circonférence ; grands cercles ; petits cercles.

107. Ainsi, lorsqu'une sphère flotte sur l'eau, la portion immergée se termine à une circonférence. Pour reconnaître géométriquement cette vérité, imaginez que l'on abaisse du centre de la sphère (fig. 116) une perpendiculaire sur le plan, soit OC cette perpendiculaire, et considérez un point quelconque M de la ligne d'intersection de la sphère et du plan. Si vous joignez le point M aux points O et C, vous formez un triangle rectangle. Quelle que soit la position du point M, l'hypoténuse OM et le côté OC de ce triangle rectangle restent les mêmes ; donc le côté CM ne varie pas, donc la ligne d'intersection de la sphère et du plan, ayant tous

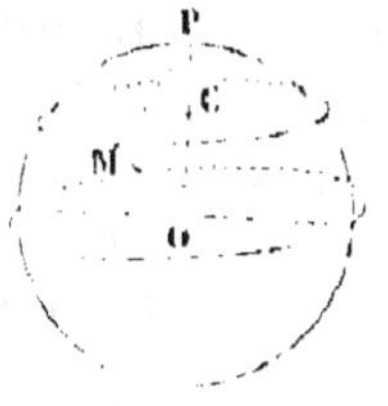

Fig. 116.

ses points à la même distance du point fixe C, est un cercle dont C est le centre.

On utilise cette propriété pour s'assurer qu'un corps est sphérique ou pour lui donner cette forme, car la sphère est la seule surface non plane sur laquelle un cercle puisse s'appliquer dans tous les sens. Si on voulait obtenir exactement, sur une pierre par exemple, une portion de surface sphérique déjà ébauchée, en promenant sur la surface la section droite d'un cylindre d'acier creux, on donnerait à la surface une forme exactement sphérique.

108. Prolongez OC jusqu'à la sphère en P, tous les points M du cercle sont aussi à la même distance du point P. Ce point se nomme le *pôle* du cercle, et PM se nomme le *rayon polaire* de ce cercle.

Le rayon CM est évidemment moindre que OM, à moins que le point C ne se confonde avec le point O ; c'est-à-dire à moins que le plan sécant ne passe par le centre. Ainsi un plan qui ne passe pas par le centre de la sphère la coupe suivant un cercle dont le rayon est moindre que celui de la sphère, et qu'on nomme pour cette raison un *petit cercle*. Un plan qui passe par le centre de la sphère détermine un cercle de même rayon que la sphère, et qu'on nomme *un grand cercle*.

Par deux points quelconques pris sur la surface d'une sphère, on peut tracer une infinité de petits cercles et un seul grand cercle, puisque le plan mené par les deux points doit, dans ce cas, passer par le centre de la sphère.

Si les deux points se trouvaient aux extrémités d'un même diamètre de la sphère, on pourrait par ces deux points faire passer une infinité de grands cercles.

Un grand cercle coupe la sphère en deux parties égales.

109. On peut évidemment faire coïncider les deux surfaces séparées en faisant coïncider les bases et tournant la concavité des deux parties dans le même sens.

Deux grands cercles se coupent mutuellement en parties égales.

110. Car la ligne d'intersection de leurs plans est un diamètre commun aux deux cercles.

On voit aussi que la sphère peut être considérée comme engendrée par la révolution d'un grand cercle autour d'un diamètre quelconque de la sphère.

Le plus court chemin pour aller d'un point à un autre sur la surface sphérique est le plus petit des deux arcs du grand cercle qui passe par ces deux points.

111. Imaginez un fil tendu entre deux points A et B diamétralement opposés, vous admettrez que ce fil s'applique sur la sphère suivant un demi grand cercle quelconque. Lorsqu'il est ainsi tendu, fixez un de ses points, C; CA restera le plus court chemin de C en A. L'arc CA suivant lequel le fil est tendu entre deux points quelconques est donc un arc de grand cercle; cet arc est donc le plus court chemin entre les deux points.

Trouver le diamètre d'une sphère donnée.

112. Prenez sur la sphère deux points à volonté A et B (fig. 117), et à l'aide d'un compas marquez sur la sphère un point M à égale distance de A et B, en opérant d'ailleurs comme sur un plan. Marquez encore de la même façon deux autres points N et P. Mesurez, à l'aide du compas, les longueurs des cordes MN, MP, NP, et construisez sur un plan un triangle avec ces trois longueurs. Déterminez le rayon du cercle circonscrit à ce triangle,

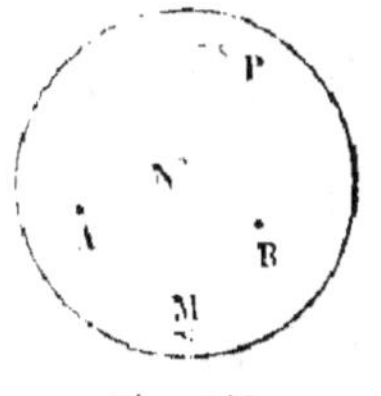

Fig. 117.

vous aurez le rayon de la sphère ; car le plan MNP, perpendiculaire sur le milieu de AB, passe par le centre de la sphère ; le cercle circonscrit au triangle MNP est donc un grand cercle.

Tracer un grand cercle sur une surface sphérique.

113. Déterminez d'abord le rayon de la sphère ; la diagonale du carré construit sur ce rayon vous donnera le rayon polaire d'un grand cercle.

Vous n'aurez aucune difficulté à le tracer si son pôle est donné.

Si le grand cercle doit passer par deux points donnés A et B, déterminez d'abord son pôle. Pour cela, décrivez sur la sphère des points A et B comme pôles, avec le rayon polaire d'un grand cercle, deux arcs. Ces arcs se coupent en deux points dont l'un peut à volonté être pris pour le pôle du cercle à décrire.

Tracer un cercle qui passe par trois points donnés sur la surface d'une sphère.

114. Tout se réduit à déterminer le rayon polaire du cercle à décrire. Soient A, B, C les trois points donnés

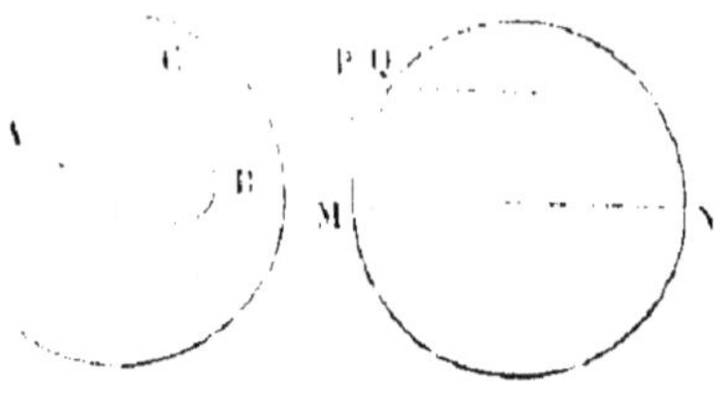

Fig. 118.

(fig. 118) ; mesurez les cordes AB, AC, BC, et construisez sur un plan un triangle ABC ayant pour côtés ces trois cordes, déterminez le rayon du cercle circonscrit à ce triangle. Décrivez d'autre part un grand cercle, tracez un diamètre MN, menez à ce diamètre une perpendiculaire MP égale au rayon du petit cercle et PQ parallèle à MN, MQ sera le rayon polaire du petit cercle à construire. On en déterminera le pôle comme il a été dit précédemment, et dès lors on pourra le décrire.

Le moyen qui vient d'être donné de trouver le rayon d'une sphère est très-imparfait dans la pratique; il s'appliquerait bien à une bille de billard, mais non à une balle et encore moins à un grain de plomb. Il en est un beaucoup plus simple fondé sur les propriétés du plan tangent.

115. On appelle *plan tangent* à la sphère un plan qui n'a qu'un point de commun avec la surface.

Tel est un plan sur lequel une sphère est posée. Le point unique commun au plan et à la sphère se nomme le point de contact. *Le plan tangent à la sphère est perpendiculaire à l'extrémité du rayon mené au point de contact.* Car le rayon est la ligne la plus courte que l'on puisse mener du centre de la sphère à un point du plan. Réciproquement :

Tout plan perpendiculaire à l'extrémité d'un diamètre est tangent à la sphère.

116. En effet, une ligne menée du centre de la sphère à un point quelconque du plan est une oblique au plan, puisque le rayon mené au point de contact est perpendiculaire au plan; cette oblique est donc plus grande que le rayon; donc son extrémité située dans le plan est en dehors de la sphère, qui n'a dès lors qu'un seul point commun avec le plan.

Deux plans tangents à la sphère aux extrémités d'un même diamètre sont parallèles. Moyen pratique de mesurer le diamètre d'une sphère solide.

117. Les plans tangents aux extrémités d'un même diamètre sont parallèles puisqu'ils sont perpendiculaires à une même droite. Leur distance est précisément le diamètre de la sphère. On pourra donc employer, pour mesurer le diamètre d'une sphère, un comparateur, entre les branches duquel on placera la sphère donnée.

L'emploi du comparateur peut devenir impossible si l'on ne dispose que d'un fragment de sphère. On ne pourrait l'employer, par exemple, à déterminer le rayon d'une lentille sphérique (fig. 119). Dans ce cas, on emploie un instrument particulier qu'on nomme un sphéromètre, et à l'aide duquel on détermine exactement l'épaisseur de la lentille, et, comme on connaît son diamètre, on peut en conclure le rayon de la sphère dont elle fait partie.

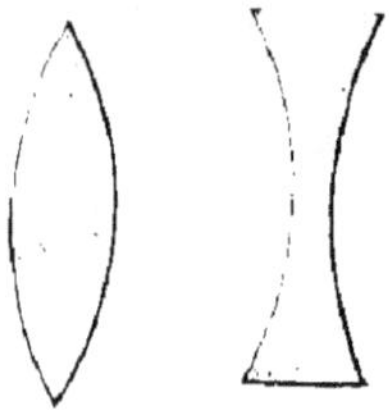

Fig. 119.

Les divers moyens que l'on a indiqués pour déterminer le rayon d'une sphère ne sauraient s'appliquer à une sphère très-grande. Disons seulement qu'on peut obtenir le rayon d'une sphère en mesurant exactement la longueur d'une portion d'un arc de grand cercle supposé tracé sur cette sphère, pourvu que l'on connaisse l'angle que font entre eux les rayons menés aux extrémités de cet arc. C'est ainsi qu'on a pu déterminer le rayon de la terre en mesurant un arc de méridien.

Les normales à la surface de la sphère sont des rayons. — La verticale d'un lieu est normale à la sphère terrestre en ce lieu.

Les verticales en divers lieux concourraient au centre de la terre, si elle était parfaitement sphérique.

118. Si en un point d'une surface on mène un plan tangent à la surface et une perpendiculaire à ce plan, cette droite est dite *normale* à la surface. Les rayons sont donc des normales à la sphère.

Admettons que la surface de la terre soit parfaitement sphérique, c'est-à-dire que la surface des mers prolongée à travers le continent donne une sphère parfaite. Nous avons dit qu'en un lieu le plan horizontal est celui de la surface d'une eau tranquille; ce plan est manifestement tangent à la sphère formée par les eaux; la verticale, qui lui est perpendiculaire, passe donc par le centre de la sphère.

On voit par là qu'en des points voisins sur la surface de la terre, les verticales sont sensiblement parallèles. A une distance de 100 mètres, par exemple, elles ne font entre elles qu'un angle de 3″ environ. Mais, en des points éloignés, les verticales ne peuvent faire entre elles un ngle quelconque, et, par suite, les plans horizontaux qui leur sont perpendiculaires. Au moment où le soleil est pour nous à l'horizon, il est, à Calcutta, fort au-dessus de l'horizon. Ce n'est donc qu'en des points peu éloignés sur la surface de ja terre qu'on peut dire que les plans horizontaux sont parallèles. Le plan tangent en un point ne coïncide pas avec la surface des eaux, mais il en diffère peu. Par exemple, la distance de la surface des eaux au plan tangent, prise à 100 mètres du point de contact, ne serait que de 1 millimètre environ.

La mesure de divers arcs de grand cercle à la surface de la terre supposée sphérique ayant donné des valeurs nn peu différentes pour son rayon, on en a conclu que la terre n'était pas rigoureusement sphérique. Dès lors, ce n'est point ici le lieu de s'occuper davantage de sa forme. Il suffit de s'être bien rendu compte du changement de direction de la verticale ou du plan horizontal en deux points de la surface de la terre. Si on disposait un niveau d'eau au bord de la mer, on pourrait voir dans le plan de niveau qu'il détermine le sommet du grand mât d'un navire assez éloigné de la station de l'observateur.

Nous allons maintenant considérer deux sphères dans diverses positions relatives.

L'intersection des surfaces de deux sphères est une circonférence dont le plan est perpendiculaire à la droite des centres. Exemple.

119. Nous avons étudié dans la géométrie plane les positions relatives de deux circonférences. Dans ces diverses positions, faisons tourner les deux circonférences autour de la ligne des centres, elles engendreront deux sphères. Si les deux circonférences

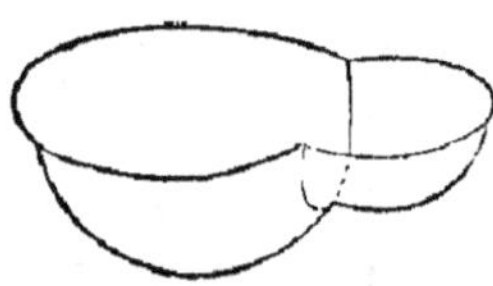

Fig. 120.

se coupent, leur point commun décrit un cercle, évidem-

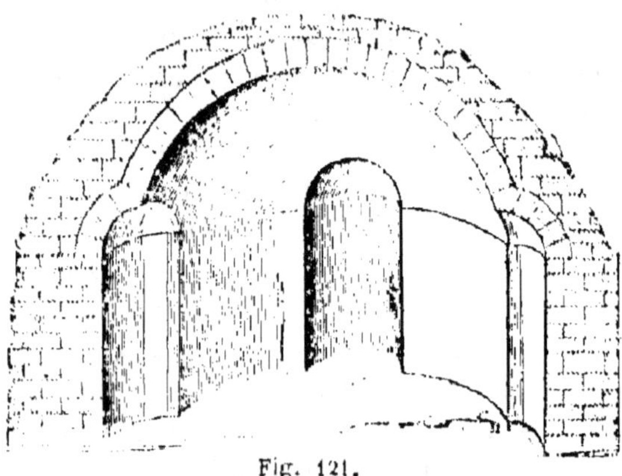

Fig. 121.

ment commun aux deux sphères, et dont le plan est perpendiculaire à la ligne des centres. La figure 120 montre l'intersection de deux hémisphères.

Lorsqu'un cylindre de révolution est surmonté d'un dôme hémisphérique, il arrive fréquemment que des niches sont pratiquées sur le contour du cylindre (fig. 121). Ces niches sont formées d'un demi-cylindre droit divisé en deux suivant deux arêtes opposées ; ces deux arêtes coïncident avec deux génératrices du cylindre qui porte le dôme hémisphérique. Le demi-cylindre est surmonté d'une portion de sphère qui coupe l'hémisphère suivant une portion de circonférence, d'après ce que l'on vient de démontrer.

Les surfaces de deux sphères concentriques sont équidistantes.

120. Nous avons vu, en effet, que la sphère pouvait être considérée comme le lieu des points à égale distance d'un point fixe. En faisant varier la distance, on obtient des sphères concentriques. Or, la distance d'un point à une sphère se mesurant sur la ligne qui joint le point au centre de la sphère, on voit que les deux sphères concentriques sont équidistantes.

Si on fait tourner une sphère autour de son centre, sa surface occupe toujours le même lieu de l'espace. En d'autres termes :

Une sphère solide peut tourner en tout sens dans une sphère creuse de même rayon sans que les surfaces cessent de coïncider en chacun de leurs points. Emboîtement à genou.

121. Cette propriété est analogue à celle que l'on a reconnue pour le cercle, en géométrie plane, et en vertu de laquelle le centre d'un anneau circulaire embrassant un disque plein de même rayon reste constamment fixe.

Imaginez une tige terminée par une sphère de diamètre plus grand que celui de la tige. On pourra faire mouvoir cette sphère dans une portion de sphère creuse de même rayon, sans que le centre des deux sphères cesse de coïncider (fig. 122). Tel est le principe de l'emboîtement à genou employé dans divers appareils, tels que le graphomètre, qui doivent être mobiles dans divers plans autour d'un point fixe. L'emboîtement à genou est copié sur la nature. Le bras, par exemple, qui peut exécuter des mouvements si variés autour de l'épaule, pivote autour de l'épaule par une disposition de ce genre.

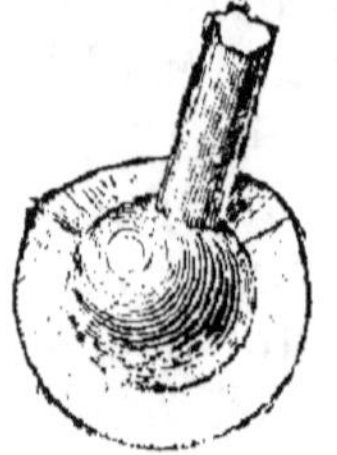
Fig. 122.

Cette propriété de la sphère l'a fait employer aussi comme soupape dans les pompes. Le fond du corps de pompe porte une cavité hémisphérique dans laquelle est pratiquée l'ouverture qui donne accès à l'eau. Une sphère de même diamètre que la cavité s'adapte exactement sur cette cavité et ferme l'ouverture quand on abaisse le piston, la sphère est soulevée par l'eau quand on aspire, puis retombe dans la cavité, etc..., sans qu'il soit besoin de guider son mouvement.

Considérons maintenant l'intersection de la sphère avec les cylindres et les cônes dans des cas simples.

Un cylindre de révolution dont l'axe passe par le centre d'une sphère coupe sa surface suivant deux cercles égaux.

122. Imaginez, en effet, une demi-circonférence décrite sur la diagonale d'un rectangle. Si on fait tourner cette figure autour du diamètre du cercle parallèle à l'un des côtés du rectangle, le cercle engendre une sphère tandis que le rectangle engendre un cylindre et les points de rencontre du cercle avec le rectangle engendrent deux cercles évidemment communs aux deux surfaces. Ces deux cercles ont manifestement même rayon et leurs plans sont perpendiculaires à l'axe du cylindre.

Un cône de révolution dont l'axe passe par le centre de la sphère la coupe suivant un cercle.

On considère ici une seule nappe du cône. La démonstration est semblable à la précédente.

Si un cône quelconque pénètre dans une sphère suivant une circonférence, il en sort par une autre circonférence (fig. 123).

125. Soit AB un cercle tracé sur une sphère (fig. 124); prenons à volonté un point S hors du cercle et considérons le point S comme le sommet d'un cône dont le cercle serait la directrice; il faut montrer que le cône rencontre la sphère suivant un autre cercle. Imaginons un plan SAB perpendiculaire au plan du cercle et passant par son centre; ce plan passe par le centre de la sphère et la

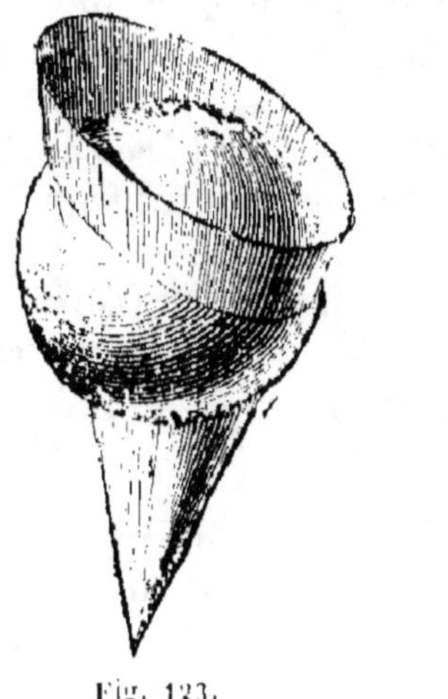

Fig. 123.

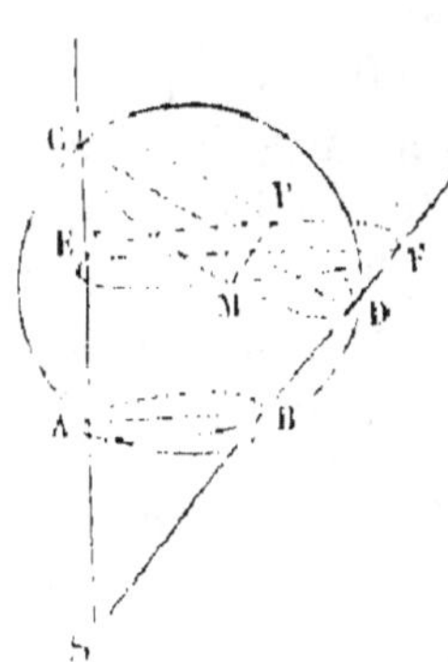

Fig. 124.

coupe suivant le grand cercle ABCD. Menons par CD un plan perpendiculaire au plan ABCD, ce plan coupe le cône suivant une ligne CMD; si on démontre que cette ligne est un cercle dont CD est le diamètre, comme ce cercle est tout entier sur la sphère, il sera démontré que la ligne d'intersection du cône et de la sphère est un cercle. Considérons un point M de cette ligne, et par ce point menons le plan MEF parallèle au plan du cercle AB. Ce plan coupe le plan CMD suivant MP, qui est par conséquent perpendiculaire aux deux droites EF et CD, et il coupe le cône suivant un cercle EMF (§ 93). On a donc, d'après une propriété bien connue :

$$\overline{MP}^2 = PE.PF;$$

mais l'angle ADC = ABS = EFS; donc les deux triangles PE′D, PB′C, qui ont déjà même angle en P, sont semblables,

et par suite
$$\frac{PE}{PD} = \frac{PC}{PF};$$

donc
$$\overline{MP}^2 = PD.PC;$$

donc la ligne DMC est un cercle de diamètre CD, et, d'après ce qui a été dit plus haut, la proposition est démontrée.

On peut remarquer que toute autre sphère contenant le cercle AB couperait ce même cône suivant un cercle parallèle à CMD.

La section faite dans le cône par le plan CMD tel que l'angle CDA = ABS se nomme la section antiparallèle du cône oblique, en sorte que la propriété précédente peut s'énoncer :

La section antiparallèle du cône oblique à base circulaire est un cercle : ce cercle et la base du cône sont situés sur une même sphère.

POLYÈDRES RÉGULIERS.

124. On nomme polyèdre régulier un polyèdre dont toutes les faces sont des polygones réguliers égaux, et dont tous les angles polyèdres sont égaux entre eux.

Il ne peut exister que cinq polyèdres réguliers. Ce qui suit le fera comprendre.

1° Supposez, en effet, que les polygones réguliers qui forment les faces du polyèdre soient des triangles équilatéraux. Avec trois triangles équilatéraux vous formerez un angle solide. Les côtés de ces triangles qui ne concourent pas au sommet de cet angle solide formeront un quatrième triangle équilatéral terminant le polyèdre. On a ainsi le tétraèdre régulier (fig. 125).

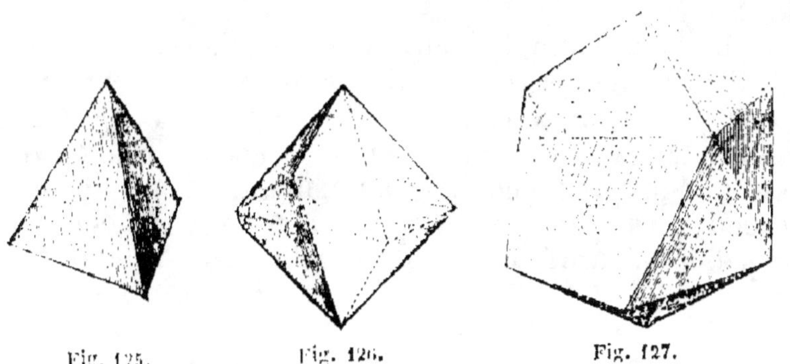

Fig. 125.   Fig. 126.   Fig. 127.

Prenez quatre triangles équilatéraux, vous pourrez encore former un angle solide; l'ensemble figurera les faces latérales d'une pyramide à base carrée. Formez une seconde pyramide pareille; en les juxtaposant base à base, vous aurez un solide régulier à huit faces. On le nomme octaèdre régulier (fig. 126).

Avec cinq triangles équilatéraux vous pouvez encore former un angle solide, sorte de pyramide régulière à base pentagonale. Complétez de la même manière les angles solides qui ont déjà deux faces à chaque sommet de ce pentagone, vous avez aussi une surface composée de quinze triangles équilatéraux qui présente encore une ouverture pentagonale. Un assemblage de cinq nouveaux triangles équilatéraux fermera l'ouverture. Vous obtenez ainsi l'icosaèdre régulier, solide à vingt faces (fig. 127).

Six triangles équilatéraux juxtaposés donnent un hexagone plan régulier et non un angle solide. On ne peut donc pas construire avec des triangles équilatéraux d'autres polyèdres réguliers que les précédents.

2° Composons maintenant les faces du polyèdre avec des carrés, on peut en prendre trois pour former un angle solide. Un pareil assemblage juxtaposé avec le premier donne le cube ou hexaèdre régulier (fig. 128).

Quatre carrés juxtaposés donnant un carré plan ; le cube est le seul polyèdre régulier dont les faces soient des carrés.

3° Essayons enfin des pentagones réguliers.

L'assemblage de trois pentagones réguliers donne un angle solide. Aux trois autres côtés de l'un d'eux juxtaposons trois nouveaux pentagones, nous formons un assemblage de six pentagones réguliers ; formons-en un second, en le juxtaposant au premier nous obtiendrons un solide à douze faces, le dodécaèdre régulier (fig. 129).

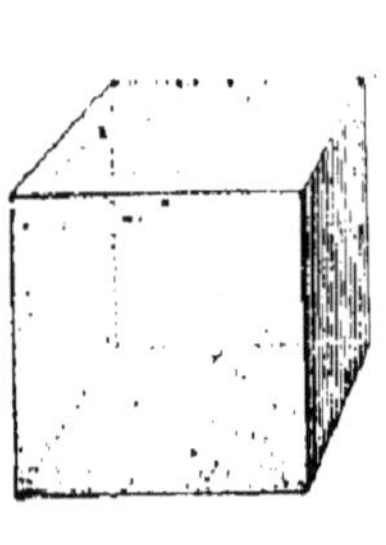

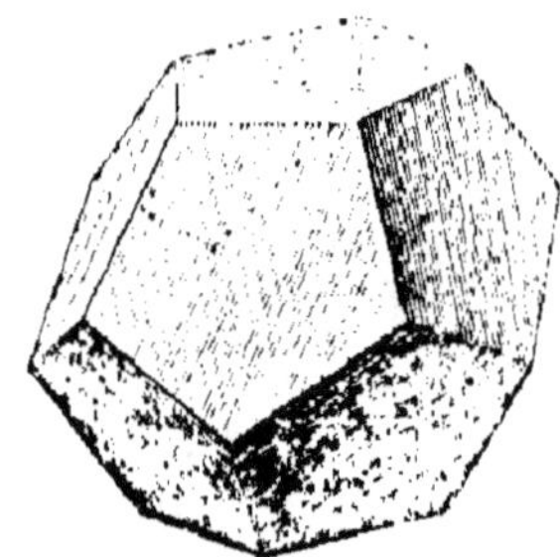

Fig. 128.   Fig. 129.

Comme on ne peut former un angle solide avec plus de trois pentagones ni avec des polygones réguliers de plus de cinq côtés, le nombre des polyèdres réguliers ne dépasse pas cinq.

Tout polygone régulier peut être inscrit à la sphère et peut lui être circonscrit.

123. Soient dans un polyèdre régulier deux faces adjacentes f et f' qui se coupent suivant AB, O et O' leurs centres. Les perpendiculaires OC et O'C au côté commun AB se couperont en un même point C ; les perpendiculaires OS et O'S aux deux faces f et f', lieux respectifs des points à égale distance de leurs sommets, se couperont en un point S, car elles sont situées dans le plan OCO' perpendiculaire à AB au point C. Les deux triangles rectangles COS, CO'S

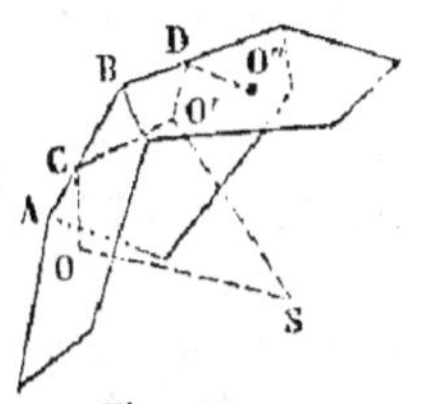

Fig. 130.

seront d'ailleurs égaux entre eux puisqu'ils ont l'hypoténuse CS commune et le côté CO' égal au côté CO'. L'angle OCO' mesurant l'inclinaison de deux faces adjacentes du polyèdre, la moitié OCS est un angle constant et le triangle OCS est, par suite, constant pour toutes les faces.

Si l'on considère une troisième face f'' contiguë à f' par le côté A'B' dont C' est le milieu, la perpendiculaire élevée en O'' à cette face coupera la droite OS au point S, puisque le triangle O''CS doit être égal à OCS.

En continuant de proche en proche, on voit que les perpendiculaires élevées aux différentes faces du polyèdre par leurs centres se coupent mutuellement en un même point S, situé à la même distance de toutes les faces et à la même distance de tous les sommets. Donc la sphère de centre S et de rayon SA passe par tous les sommets du polyèdre ; la sphère de centre S et de rayon SO est tangente à toutes les faces du polyèdre en leur centre.

Le point S est le centre du polyèdre régulier, SA est son rayon.

Tout polyèdre régulier peut être partagé en autant de pyramides régulières qu'il a de faces.

126. On voit en effet qu'en joignant le point S aux sommets d'une des faces du polyèdre on forme une pyramide régulière, et on en peut former autant qu'il y a de faces dans le polyèdre.

Sphère considérée comme un polyèdre d'un nombre infini de faces.

127. Nous avons considéré le cercle comme un polygone régulier d'un nombre infini de côtés infiniment petits ; la sphère ne peut être considérée comme un polyèdre régulier d'un nombre infini de faces, puisqu'il n'existe pas de polyèdres réguliers de plus de vingt faces. Mais imaginons que l'on mène à la sphère, en des points très-voisins, des plans tangents limités à leurs intersections mutuelles, on formera un polyèdre non régulier, circonscrit à la sphère, dont les faces seront très-petites, et qui différera d'autant moins de la sphère que les plans tangents seront plus rapprochés.

La surface de la sphère différera peu de celle de ce polyèdre ; son volume sera également peu différent du volume du polyèdre.

Le rapport des surfaces de deux sphères est égal à celui des carrés de leurs rayons et le rapport des volumes est égal à celui des cubes de leurs rayons.

128. Imaginez en effet une sphère et un polyèdre circonscrit d'un très-grand nombre de faces. Joignez le centre à tous les sommets de ce polyèdre et prolongez ces droites d'une quantité proportionnelle à leur longueur ; doublez, par exemple, cette longueur. Les extrémités de ces droites seront les sommets d'un nouveau polyèdre semblable au premier et circonscrit à une sphère de rayon double. Le rapport des surfaces des deux polyèdres sera égal au rapport de deux surfaces composées de polygones semblables, c'est-à-dire égal au rapport des carrés de deux côtés homologues de ces polygones ou des droites qui joignent deux sommets homologues au centre de la sphère.

Le rapport des volumes des deux polyèdres sera égal au rapport des cubes de ces mêmes droites, puisque les deux polyèdres sont formés de pyramides semblables en même nombre et ayant même rapport de similitude.

Ces propositions restant vraies quel que soit le nombre des faces du polyèdre circonscrit à la sphère, on en conclut que :

Le rapport des surfaces de deux sphères est égal au rapport des carrés de leurs rayons, et le rapport des volumes est égal au cube des rayons.

Ainsi, quand le rayon d'une sphère devient double, sa surface devient quatre fois plus grande et son volume huit fois plus grand.

Exemple I. Le rayon de la lune est les $\dfrac{31}{114}$ du rayon de la terre. Quel est le rapport de leurs volumes ?

Ce rapport sera celui du cube de $\dfrac{31}{114}$ au cube de l'unité, ou de $\dfrac{29791}{1481544}$ à 1, c'est-à-dire environ $\dfrac{1}{49}$. Ainsi la lune est 49 fois plus petite que la terre.

Exemple II. Les diamètres de deux boulets de même matière sont : l'un de 7 centimètres, et l'autre de 4,85. Quel est le rapport de leurs poids ?

Les poids étant proportionnels aux volumes, le rapport des poids est celui du cube de 7 au cube de 4,85 ou de 343 à 114,08, c'est-à-dire 3 environ. Le premier boulet a donc un poids triple de celui du second.

MESURES.

Nous avons déjà expliqué en géométrie plane en quoi consistait la mesure des longueurs et des surfaces; les mêmes explications s'appliquent à la mesure des volumes.

Nous allons nous occuper successivement de mesurer les surfaces et les volumes des corps que nous avons considérés.

Mesurer la surface latérale d'un prisme, d'un cylindre.

129. Considérons un prisme quelconque. Sa surface latérale est formée de parallélogrammes ayant un côté égal à l'arête du prisme. Imaginez que l'on coupe le prisme par un plan perpendiculaire à ses arêtes, les divers côtés du polygone de section sont précisément les hauteurs des parallélogrammes qui composent la surface latérale.

Cette surface, égale à la somme des surfaces des parallélogrammes, est donc égale à la longueur de l'arête latérale de prisme multipliée par la somme des hauteurs de ces parallélogrammes, c'est-à-dire par le contour de la section droite. Ainsi :

La surface latérale d'un prisme est égale au produit de la section droite par la longueur de l'arête.

Comme un cylindre quelconque limité à deux plans parallèles est assimilable à un prisme d'un très-grand nombre de faces, on voit que :

La surface latérale d'un cylindre quelconque est égale au produit du contour de la section droite par la longueur de l'arête.

Lorsque le prisme ou le cylindre sont droits, la base

est précisément une section droite et l'arête est égale à la hauteur ; ainsi :

La surface latérale d'un prisme ou d'un cylindre droits est égale au contour de la base multipliée par la hauteur.

Désignons par R le rayon du cylindre, par H sa hauteur, la surface latérale sera exprimée par $2\pi.R.H$.

Exemple. Une cloche de gazomètre a 8 mètres de diamètre et 6 mètres de hauteur, calculer la surface latérale.

La circonférence de base étant de $2\pi.4$ mètres, la surface est de $2\pi \times 4 \times 6$ mètres carrés, ou $150^{m\cdot c},77$.

Mesurer la surface latérale d'une pyramide régulière, d'un cône droit.

150. Si nous considérons une pyramide quelconque, sa surface latérale s'obtient en faisant la somme des surfaces des triangles qui la composent. Lorsque tous ces triangles ont même hauteur, ce qui a lieu quand la pyramide est régulière, la surface s'obtient évidemment en multipliant le contour de la base par la moitié de la hauteur commune.

Lorsque la base a un très-grand nombre de côtés, les triangles isocèles égaux qui composent la surface latérale ont une hauteur très-voisine de celle de leur côté. La pyramide ressemble de plus en plus à un cône droit et à la limite, c'est-à-dire quand la base de la pyramide devient un cercle, la pyramide devient un cône droit, la hauteur des triangles qui formaient la surface de la pyramide se confond avec le côté du cône ; donc :

La surface latérale d'un cône droit est égale au contour de la base multipliée par la moitié du côté.

Désignons par R et H le rayon de base du cône et sa hauteur, sa surface sera $\frac{2}{3}\pi RH$.

Mesurer la surface latérale d'un tronc de pyramide régulière, d'un tronc de cône droit à bases parallèles.

131. La surface latérale d'un tronc de pyramide quelconque à bases parallèles est égale à la somme des surfaces des trapèzes qui la composent. Mais si l'on considère un tronc de pyramide régulière, tous les trapèzes ont même hauteur, et comme la surface de chacun d'eux s'obtient en multipliant la demi-somme des bases par la hauteur, on voit que :

La surface latérale d'un tronc de pyramide régulière est égale à la demi-somme des contours de ses bases multipliées par la distance de deux côtés parallèles.

On en conclut donc que :

La surface latérale d'un tronc de cône de révolution est égale à la demi-somme des bases multipliées par le côté.

Nommons R et r les rayons des deux bases, L la longueur du côté, la surface latérale sera $\pi (R + r).L$.

Exemple. Le fond d'un bassin circulaire a 30 mètres de diamètre, sa surface latérale est celle d'un tronc de cône de 2 mètres de hauteur et dont l'arête est inclinée à 45 degrés sur le plan horizontal : évaluer cette surface latérale.

On voit aisément que le diamètre du contour supérieur est de 34 mètres et que la longueur du côté est la racine carrée de 8 ou 2,828 ; la surface est donc $\pi.32.2,828$, ou de 284 mètres carrés environ.

Mesurer la surface d'une zone sphérique, d'une sphère.

132. Soit, dans une demi-circonférence, une *ligne brisée régulière*, c'est-à-dire une suite de cordes égales AB, BC, CD.... (fig. 131) et faisons tourner la circonférence autour de son diamètre AO. Si nous considérons l'une quelconque BC de ces cordes, elle engendre dans son mouvement la surface latérale d'un tronc de cône qui, d'après ce qu'on vient de voir, a pour mesure :

$$2\pi . \text{MM}' . \text{BC}.$$

Or, si l'on trace BK parallèle à AO, CK perpendiculaire AO, et si l'on joint MO, les triangles BCK, MOM' sont semblables et donnent

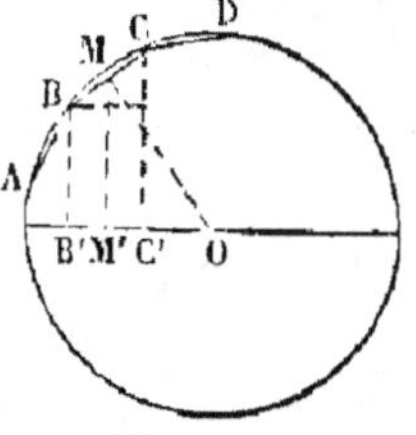

Fig. 131.

$$\frac{\text{BC}}{\text{OM}} = \frac{\text{BK}}{\text{MM}'}, \quad \text{ou} \quad \text{MM}' \times \text{BC} = \text{OM} \times \text{BK} = \text{OM} \times \text{B'C},$$

et l'expression de la surface du tronc de cône engendrée par BC devient

$$2\pi \, \text{OM} \times \text{B'C}'.$$

On aurait pour les surfaces latérales des troncs de cônes engendrées par les autres cordes AB, CD.... des expressions semblables. Donc la surface latérale engendrée par le contour polygonal régulier ABCD.... est égale à 2π.OM multiplié par la somme A'B'$+$B'C' $+$C'D'..., etc., ce que l'on énonce en disant :

155. *La surface engendrée par une ligne brisée régulière tournant autour d'un diamètre qui ne la traverse pas, a pour mesure le produit de la circonférence inscrite dans la ligne brisée par la projection de cette ligne sur le diamètre.*

On tire de là la conclusion suivante :

154. Imaginez qu'entre les extrémités d'un arc donné AD on inscrive une ligne brisée régulière d'un grand nombre de côtés; la proposition précédente subsiste. Quand cette ligne brisée vient à se confondre avec l'arc AD, la surface engendrée a donc pour mesure le produit de la circonférence par la projection de l'arc sur le diamètre.

Cette surface est ce que l'on nomme une *zone*. On appelle donc zone la portion de la surface de la sphère comprise entre deux cercles dont les plans sont parallèles. La distance des deux plans se nomme la *hauteur* de la zone, les deux cercles en sont les bases. Une zone à une seule base se nomme *calotte* sphérique. On voit donc que :

La surface d'une zone est égale au produit de la circonférence d'un grand cercle par sa hauteur.

Ainsi, sur une même sphère, deux zones de même hauteur ont une même surface.

Si nous considérons une zone dont la hauteur soit égale au diamètre de la sphère, cette zone ne sera autre chose que la sphère entière; donc :

155. *La surface de la sphère est égale au produit de la circonférence d'un grand cercle par son diamètre.*

Nommons R le rayon de la sphère, $2\pi R$ sera la circonférence d'un grand cercle et $2\pi R \times 2R$ ou $4\pi R^2$ sera la surface de la sphère. On voit par là que :

La surface de la sphère est égale à quatre fois celle d'un grand cercle.

EXEMPLE. Quelle est la surface d'un dôme hémisphérique de 12 mètres de diamètre ?

Il suffit de multiplier 2π par le carré de 6; la surface est donc $2\pi \times 36$ ou de 236 mètres carrés.

Mesurer la surface d'un secteur sphérique.

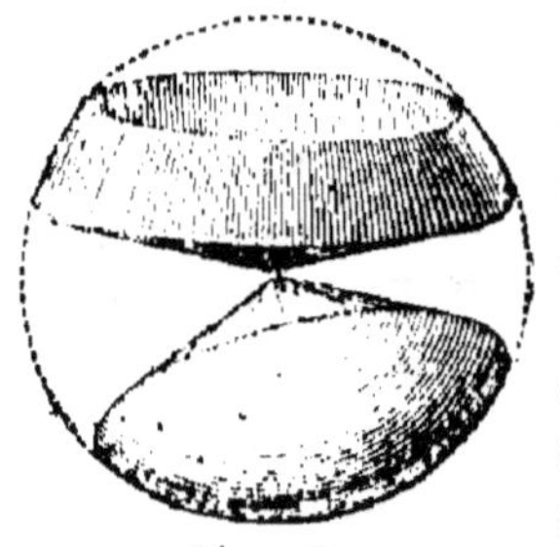
Fig. 132.

156. On nomme secteur sphérique la portion de volume de la sphère engendrée par un secteur circulaire tournant autour d'un diamètre qui ne rencontre pas l'arc du secteur (fig. 132).

La surface d'un secteur sphérique se compose de la surface de la zone engendrée par l'arc du secteur circulaire et des surfaces des cônes droits engendrés par les rayons. On évaluera séparément chacune des trois surfaces et on en fera la somme.

Quand l'extrémité de l'arc du secteur circulaire est sur le diamètre autour duquel il tourne, la zone qui limite le secteur devient une calotte sphérique et l'un des cônes droits disparaît (même figure).

Mesurer la surface d'un anneau, d'une pièce de bois courbe.

137. Considérons dans un plan une ligne courbe symétrique par rapport à une droite AB et imaginons que cette courbe tourne autour d'une droite xy parallèle à AB (fig. 133). Elle engendre un anneau dont nous nous proposons de mesurer la surface. Traçons une série de droites perpendiculaires à xy et soient MM', NN' deux droites voisines, menons les cordes MN, M' N', la figure MNM' N'

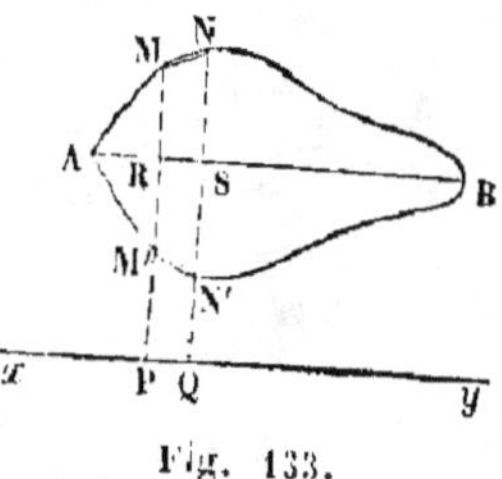

Fig. 133.

est un trapèze isocèle. La surface engendrée par les côtés non parallèles de ce trapèze se compose de celle de deux troncs de cône et a pour mesure :

$$\pi\,(MP + NQ) \times MN + \pi\,(M'P + N'Q) \times M'N'.$$

Or MN est égal à M' N'; la somme précédente est donc

$$\pi\,(MP + M'P + NQ + N'Q)\,MN;$$

or MP + M'P est égal au double de PR, NQ + N'Q est égal au double de QS; d'ailleurs QS = PR : l'expression de la surface considérée devient donc

$$\pi \times 4PR \times MN,$$

ou

$$2\pi\,PR \times 2\,NM.$$

On obtient évidemment une expression semblable pour la surface comprise entre deux tranches voisines quelconques; en les ajoutant, et observant que 2πPR est le même pour toutes les tranches, on voit que :

La surface engendrée est égale au contour de la courbe génératrice multiplié par la circonférence que décrit autour de xy un point de l'axe de symétrie.

158. Quand la courbe génératrice est un cercle, l'anneau porte le nom de *tore*. Donc :

La surface du tore est égale à la circonférence du cercle générateur multipliée par la circonférence que décrit son centre (la figure 134 représente un demi-tore).

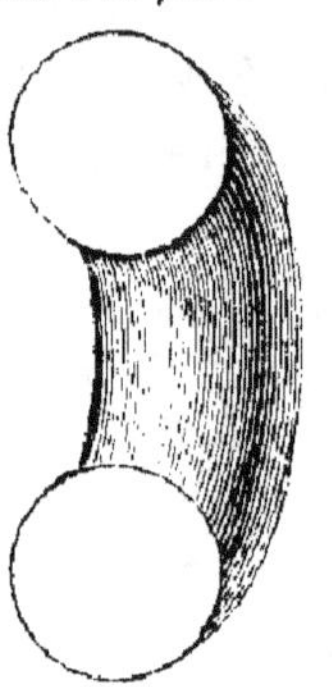

Nommons d le diamètre du cercle générateur, D celui du cercle que décrit son centre; la surface a pour expression :

$$\frac{\pi . d}{2} \times \frac{\pi . D}{2} \quad \text{ou} \quad \pi^2 . \frac{D . d}{4}.$$

Fig. 134.

d se mesure aisément; quant à D, il est égal au diamètre extérieur du tore diminué de d; $\pi^2 = 9,86960$ ou $9,87$.

La surface d'un tore engendré par un cercle de 4 centimètres et dont le grand diamètre serait de 74 centimètres serait donc :

$$\frac{\pi^2}{4} \times 70 \times 4 \quad \text{ou} \quad 9,8696 \times 70 \quad \text{ou} \quad 690^{cc},87.$$

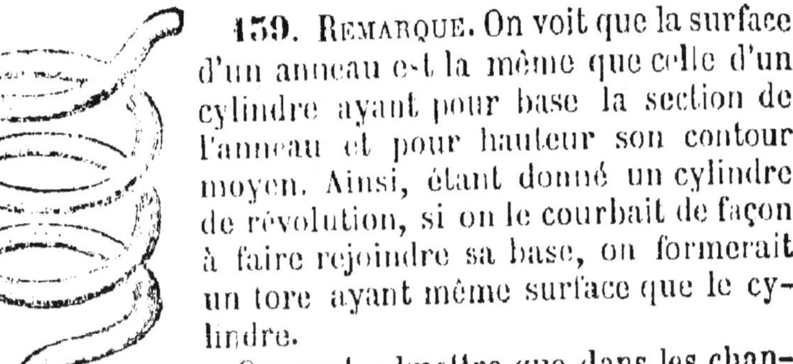

159. Remarque. On voit que la surface d'un anneau est la même que celle d'un cylindre ayant pour base la section de l'anneau et pour hauteur son contour moyen. Ainsi, étant donné un cylindre de révolution, si on le courbait de façon à faire rejoindre sa base, on formerait un tore ayant même surface que le cylindre.

On peut admettre que dans les changements successifs de ce cylindre, sa

Fig. 135.

surface n'a pas changé; on peut dès lors dire que la surface d'une pièce courbe de section constante est égale au produit du contour de la section par la longueur de la pièce. Par exemple, la surface d'un serpentin (fig. 135) est égale au contour de sa section droite multiplié par la longueur du serpentin.

Mesurer le volume d'un prisme, d'un cylindre.

140. Nous avons vu (§ 59) que le rapport des volumes de deux parallélipipèdes rectangles est égal au rapport des produits de leurs trois dimensions. Nous prendrons pour terme de comparaison des volumes, ou pour unité de volume, un cube ayant pour côté l'unité de longueur. Cette unité de longueur sera le mètre, ou le décimètre, ou le centimètre, etc., suivant la grandeur du volume que l'on se propose d'évaluer. Le cube qui servira d'unité de mesure sera donc le mètre cube, ou le décimètre cube, ou le centimètre cube. Le volume d'une chambre s'évaluera en mètres cubes, celui d'une caisse de moyenne dimension se mesurera en décimètres cubes, etc.

Le rapport du volume d'une salle au mètre cube est égal au rapport des produits des dimensions de ces deux parallélipipèdes rectangles; mais si on mesure ces dimensions avec le mètre, on est par là même dispensé de mesurer l'arête du cube qui est un mètre. Si la salle a 10 mètres de long, 6 de large et 4 de hauteur, le rapport de son volume au mètre cube est celui de

$$10 \times 6 \times 4 \quad \text{à} \quad 1 \times 1 \times 1$$

ou simplement $18 \times 6 \times 4$, c'est-à-dire 240. En d'autres termes cette salle contient 240 mètres cubes.

Les dimensions d'une boîte sont de 75 — 54 et 36 centimètres, le rapport du volume de cette boîte à celui du centimètre cube est $75 \times 54 \times 36$ ou 145800. Le volume de la boîte est donc de 145 8004͞5 centimètres cubes ou 145 décimètres cubes et 8 dixièmes.

Si l'on remarque que le produit de deux dimensions d'un parallélipipède donne la surface de l'une de ses faces, et que l'autre est la hauteur du parallélipipède correspondant à cette face considérée comme base, on peut dire aussi que *le volume d'un parallélipipède est égal au produit de sa base par sa hauteur.*

Un parallélipipède droit étant équivalent au parallélipipède rectangle de base équivalente et de même hauteur (§ 55), on voit que :

Le volume d'un parallélipipède droit est aussi égal au produit de sa base par sa hauteur.

Enfin un parallélipipède oblique étant équivalent à un parallélipipède droit de même base et de même hauteur (§ 56), il en résulte que :

Le volume d'un parallélipipède oblique est encore égal au produit de sa base par sa hauteur.

Si maintenant nous considérons un prisme triangulaire, ce prisme étant moitié du parallélipipède de base double et de même hauteur (§ 57), on voit que :

Tout prisme triangulaire a pour mesure le produit de sa base par sa hauteur.

Un prisme à base polygonale pouvant toujours se décomposer en une somme de prismes triangulaires de même hauteur :

Le volume d'un solide prismatique quelconque terminé à deux plans parallèles est égal au produit de sa base par sa hauteur.

D'après ce qui a été dit (§ 77) sur les surfaces cylindriques, il est évident que :

Le volume d'un cylindre quelconque terminé à deux plans parallèles est égal au produit de la base du cylindre par sa hauteur.

Cette proposition comprend toutes les précédentes. Dans le cas particulier où le cylindre est de révolution, si R est son rayon et H sa hauteur, son volume est donc

$$\pi R^2 \times H.$$

Ainsi un arbre cylindrique de 8 centimètres de rayon et

de 1^m,24 de longueur aurait un volume de $\pi \times 64 \times 124$ centimètres cubes ou de 24 décimètres cubes 932 centimètres cubes.

S'agit-il d'évaluer le volume de la matière qui forme un cylindre creux, on considérera ce volume comme la différence de deux cylindres dont l'un aurait les dimensions du cylindre extérieur, et l'autre celles du cylindre intérieur.

Nommons D le diamètre extérieur, d le diamètre intérieur du cylindre, H sa hauteur, son volume sera

$$\frac{\pi D^2}{4} \times H - \frac{\pi d^2}{4} H \quad \text{ou} \quad \frac{\pi}{4}(D^2 - d^2) . H,$$

ou encore $$\frac{\pi}{4}(D + d)(D - d) H;$$

$D - d$ est l'épaisseur e de la paroi. L'expression du volume devient ainsi $\frac{\pi}{4}(D + d).e.h$.

En d'autres termes, si l'on considère un cylindre creux comme engendré par un rectangle tournant autour d'une droite située dans son plan parallèle à un de ses côtés, on voit que :

Le volume engendré par un rectangle qui tourne autour d'une parallèle à l'un de ses côtés, est égal à la surface du rectangle multiplié par la circonférence que décrit son centre.

Si l'on observe que $D = d + 2e$, on pourra prendre pour expression du volume :

$$\frac{\pi}{2} D.e.h - \frac{\pi}{2} e^2 h.$$

Lorsque e sera petit relativement aux autres dimensions, on négligera le second terme.

EXEMPLE. Calculer le volume de fonte nécessaire pour couler un tube cylindrique de 3 mètres de longueur, 0^m,4 de diamètre extérieur et 0^m,02 d'épaisseur ?

On aura

$$\text{vol} = \frac{\pi}{2} . \, 0,4 \times 0,02 \times 3 - \frac{\pi}{2} \overline{0,02}^2 \times 3$$

$$= \frac{\pi}{2} \times 0^{\text{m·c}},024 - \frac{\pi}{2} \, 0^{\text{m·c}},0012 ;$$

le second terme n'est pas assez petit pour être négligé puisqu'il est la vingtième partie du premier; on a donc

$$\text{vol} = \frac{\pi}{2} \times 0^{\text{m·c·}},0228 = 35^{\text{d·c}},8.$$

La capacité d'un récipient s'évalue généralement en litres ou hectolitres. Si l'on mesure les dimensions du récipient en prenant le décimètre pour unité, le volume se trouve évalué en décimètres cubes, ou, ce qui est la même chose, en litres. Jauger un récipient n'est pas autre chose qu'évaluer sa contenance. On peut faire cette opération sans calcul en remplissant le récipient d'un liquide avec une mesure connue.

Lorsque le volume à évaluer est une pile de bois, on l'évalue en stères. Le stère n'est pas autre chose qu'un mètre cube ; cette dénomination est consacrée par l'usage au mesurage du bois; ainsi on dit un stère de bois, tandis que l'on dit un mètre cube de sable, de pierre, etc.

Mesurer le volume d'une pyramide triangulaire,
d'une pyramide quelconque, d'un cône.

141. On a vu (§ 72) qu'une pyramide triangulaire est le tiers d'un prisme de même base et de même hauteur. Il en résulte que :

Le volume d'une pyramide triangulaire est égal au tiers du produit de la base par la hauteur.

Une pyramide à base polygonale étant toujours décomposable en une somme de pyramides triangulaires, son volume est la somme des volumes de ces pyramides, et comme la hauteur de celles-ci est la même et égale à celle de la pyramide proposée, on voit que :

Le volume d'une pyramide quelconque est égal au tiers du produit de la base par la hauteur.

D'après ce qui a été dit (§ 93) au sujet des cônes, on conclut immédiatement de la proposition précédente que :

Le volume d'un cône quelconque est égal au tiers du produit de sa base par sa hauteur.

En d'autres termes, la capacité d'un cône est le tiers de celle du cylindre de même base et de même hauteur.

Si nous considérons en particulier un cône de révolution, R étant son rayon de base et H sa hauteur, son volume sera

$$\frac{\pi R^2 . H}{3} .$$

Veut-on terminer un vase cylindrique par une partie conique, de façon que le volume reste le même, soit ABCD la coupe du vase cylindrique ; si on diminue sa hauteur de MM' on prendra MS = 2MM' et le vase dont la coupe serait SC'D'AB aura

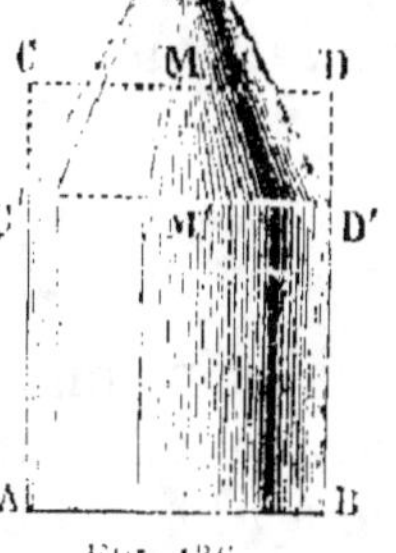

Fig. 136.

même volume. Veut-on mettre un goulot en c'd', le goulot devra avoir une hauteur *mm'* égale au tiers de la hauteur du cône Sc'd'.

Mesurer un tronc de prisme triangulaire, un tronc de pyramide, un tronc de cône, un tronc de parallélipipède, de cylindre. Applications.

142. Nous avons vu (§ 75) qu'un tronc de prisme triangulaire est équivalent à la somme de trois pyramides ayant pour base la base du tronc et pour hauteurs respectives les distances des sommets au plan de la base. Il en résulte que :

Le volume d'un tronc de prisme triangulaire est égal à sa

base multipliée par le tiers de la somme des hauteurs de chacun de ses sommets.

145. Considérons le cas particulier où le tronc de prisme est dro t et a une arête nulle ; soit ABCDE le solide

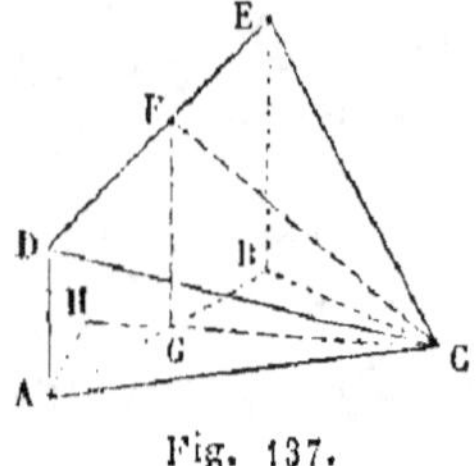

Fig. 137.

(fig. 137) ; nous allons trouver une autre expression de son volume qui nous sera fort utile.

On a en effet pour le volume du tronc :

$$\text{vol.} = ABC \times \frac{AD + BE}{3}.$$

Dans le trapèze ABED joignons les milieux F,G des côtés ; on sait que AD + BE est égal à 2FG, donc

$$\text{vol.} = \frac{2ABC \times FG}{3}.$$

Abaissons une perpendiculaire AH sur CG, du point B ou du point A, car ces deux perpendiculaires sont égales, on a ABC = GC × AH, d'où pour le volume

$$\text{vol.} = \frac{2GC \times FG \times AH}{3} ;$$

mais 2GC × FG est égal à quatre fois la surface du triangle CFG, donc

$$\text{vol.} = \frac{AH}{3} \times 4\,CFG.$$

144. De là nous allons déduire cette proportion importante :

Le volume de tout polyèdre ayant pour bases deux polygones quelconques situés dans des plans parallèles et pour faces latérales des trapèzes ou des triangles est égal à la moitié de la somme de trois pyramides de même hauteur que le polyèdre, dont deux ont respectivement pour base les bases du polyèdre et dont la troisième a pour base quatre fois la section faite à égale distance des bases.

Soit en effet le polyèdre ABC..., A′ B′ C′.... la section moyenne, O*o* une perpendiculaire aux bases rencontrant la section moyenne en O′. Si on joint au point O′ les points A, B, C..., *a*, *b*, *c*..., on obtient d'abord deux pyramides ayant pour bases les bases du polyèdre, et pour hauteur la moitié de sa hauteur. Considérons une partie O′AB*ab* du solide restant et menons par le point O′ un plan O′M*m* perpendiculaire à AB; la pyramide O′AB*ab* est décomposée

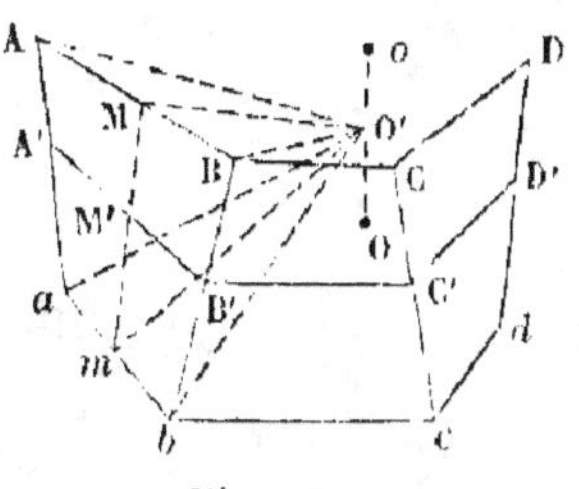

Fig. 138.

en deux troncs de prismes droits. L'un d'eux, O′ M*m*aA, d'après le théorème précédent, a pour mesure 4 . M′ OA′ multiplié par le tiers de OO′; le volume de l'autre est 4 . O′ M′ B′ multiplié aussi par OO′; donc la pyramide O′AB*ab* a pour mesure

$$4 . O'A'B' \times \frac{OO}{3}.$$

Donc l'ensemble des pyramides qui forment la partie du solide qui restait à évaluer a pour mesure le produit

$$4 . A'B'C'.... \times \frac{OO'}{3}.$$

Nommons pour abréger B, *b* et B′ les surfaces des bases e de la section moyenne, et H la hauteur du solide, on aura

$$\text{vol} = \frac{H}{6} (B + b + 4B').$$

Considérons quelques applications de ce théorème.

145. Soit d'abord un tronc de pyramide (fig. 139); dans ce cas B′ peut aisément se calculer, connaissant B et

$b.$ On a en effet, les deux bases étant deux polygones semblables, A et a désignant deux côtés homologues,

$$\frac{B'}{\left(\dfrac{A+a}{2}\right)^2} = \frac{B'}{A^2} = \frac{b}{a^2} \quad \text{ou} \quad \frac{4B'}{(A+a)^2} = \frac{B}{A^2} = \frac{b}{a^2} = \frac{2\sqrt{Bb}}{2Aa}$$

$$= \frac{B+b+2\sqrt{Bb}}{(A+a)^2};$$

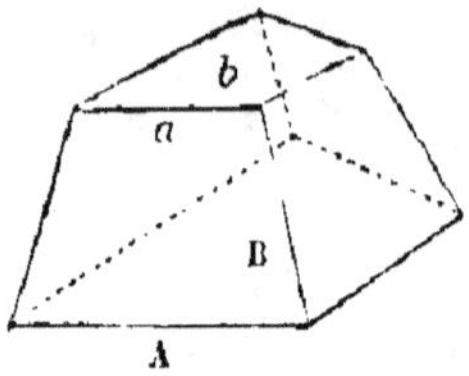

donc $4B' = B + b + 2\sqrt{Bb},$

Fig. 139.

et le volume du tronc de pyramide s'exprime dès lors par

$$\text{vol} = \frac{H}{3}\left(B+b+\sqrt{Bb}\right),$$

EXEMPLE NUMÉRIQUE. Quel est le volume d'un tronc de pyramide dont les bases sont des hexagones réguliers ayant l'un 36 et l'autre 32 millimètres de côté, la hauteur du tronc étant de 30 millimètres ?

La base du premier hexagone en millimètres carrés est

$$B = 324 \times \sqrt{3},$$

celle du second

$$b = 256 \times \sqrt{3}, \quad \text{d'où} \quad \sqrt{Bb} = 288 \times \sqrt{3};$$

d'ailleurs $H = 30$; d'où

$$V = 10 \times \sqrt{3}\,[324 + 256 + 288]$$

$$= \sqrt{3} \times 8680 = 15^{c\cdot c}\,,037^{mm\cdot c}.$$

Le résultat obtenu s'applique évidemment au tronc de cône et il est compris dans l'énoncé suivant :

Le volume d'un tronc de cône est égal à la somme des volumes de trois cônes ayant même hauteur que le tronc et respectivement pour bases la grande base du tronc; la petite base est une moyenne proportionnelle entre les deux bases.

Si le tronc de cône est de révolution, et si nous nommons R et r les rayons des bases et H la hauteur, le volume s'exprime par

$$\frac{\pi H}{3}\,(R^2 + r^2 + Rr).$$

EXEMPLE. D'après cela le volume d'eau contenu dans le bassin dont la surface latérale a été calculée (§ **131**), serait en mètres cubes :

$$\frac{\pi.2}{3}\,(17^2 + 15^2 + 15.17) \quad \text{ou} \quad \frac{2\pi}{3}.769 = 1610^{m.c}.$$

Les pièces de bois non équarries, en d'autres termes les bois en grume, forment des troncs de cône. On ne calcule pas leur volume d'une façon très-exacte. La règle que l'on suit habituellement consiste à prendre le huitième du produit du carré de la circonférence moyenne par la longueur du bois, ce qui revient à les considérer comme des cylindres de même longueur et dont le rayon serait la demi-somme des rayons extrêmes.

146. Proposons-nous d'évaluer le volume d'un amas de sable terminé, haut et bas, par deux rectangles parallèles et latéralement par quatre trapèzes isocèles (fig. 140).

Soit h la distance des plans des deux rectangles; a, b

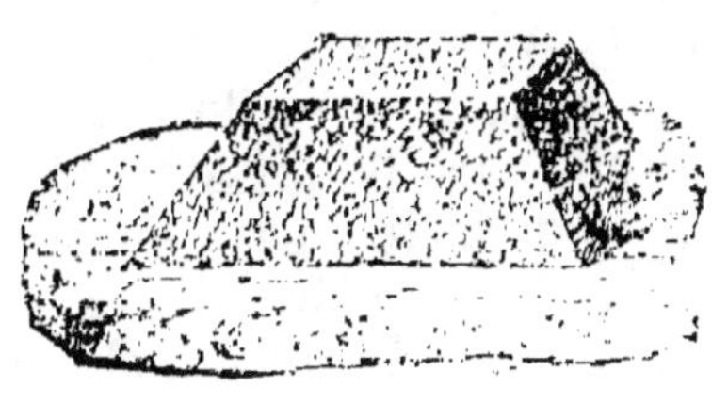

Fig. 140.

les dimensions de l'un, a', b' celles de l'autre. On a dans ce cas $a.b$, $a'.b'$ pour les surfaces des rectangles de base, $\dfrac{(a+a')(b+b')}{4}$ pour le rectangle qui forme la section moyenne, d'où

$$V = \frac{h}{6}\left[ab + a'b' + (a+a')(b+b')\right].$$

Exemple numérique. Soit en mètres, $a=8$, $b=6$, $a'=4$, $b'=2$ et $h=2$, on aura

$$V = \frac{1}{3}(48 + 8 + 12 \times 8) = \frac{152}{3} = 50^{\text{m.c}},666^{\text{d.c}}.$$

Si l'un des côtés du rectangle supérieur est nul, soit $b=0$, on a alors

$$V = \frac{hb}{6}(2\,a + a').$$

147. Considérons maintenant un tronc de parallélipipède. Joignons les centres O et O′ des bases, et prolongeons OO′ d'une longueur O′O″ égale à OO′; par le point O′, menons un plan parallèle au plan de la base O, et prolongeons les arêtes du tronc jusqu'à ce plan; nous formons un autre tronc équivalent au premier, ainsi qu'il est aisé de le reconnaître en les décomposant en troncs de prismes triangulaires. Donc le volume du tronc de parallélipipède est moitié de celui du parallélipipède que nous venons de construire, donc :

Le volume d'un tronc de parallélipipède a pour mesure le produit de l'une de ses bases par la distance du centre de l'autre base au plan de la première.

On peut encore énoncer ce résultat sous la forme suivante. Si on coupe un parallélipipède par un plan passant par un point fixe de la ligne qui joint les centres de deux faces opposées, les volumes des deux parties restent constants, quelle que soit l'inclinaison du plan sécant (pourvu que ce plan ne rencontre pas les faces considérées).

La démonstration précédente s'applique à un tronc de cylindre de révolution. Ainsi :

Le volume d'un tronc de cylindre droit à base circulaire est égal à sa base multipliée par la longueur de son axe terminé à la troncature.

Plus généralement :

La portion du volume d'un cylindre de révolution comprise entre deux sections faites par deux points fixes de l'axe est constante quelle que soit l'inclinaison des plans sécants (pourvu qu'ils ne se coupent pas dans l'intérieur du cylindre). Ce volume a pour mesure le produit de la section droite par la longueur de l'axe comprise entre les plans sécants (fig. 141).

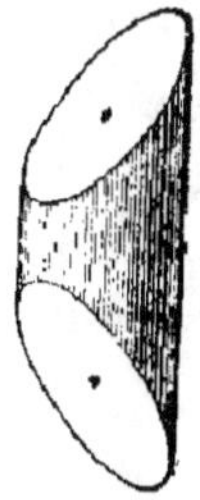

Fig. 141.

Mesurer le volume d'une sphère, d'un secteur, d'un segment, d'un onglet sphériques.

148. Considérons une portion quelconque de la surface de la sphère ; partageons-la en parties très-petites par des lignes quelconques qui s'entre-croisent ; joignons au centre de la sphère le contour de l'une de ces divisions, nous formons une sorte de petit cône dont le volume est égal à sa base, multiplié par le tiers de sa hauteur. La base est la petite portion de la surface de la sphère comprise dans le cône, la hauteur est le rayon de la sphère. La somme des volumes de tous les petits cônes dont les bases occupent la portion de surface considérée sera donc égal à cette surface multipliée par le tiers du rayon.

Si, au lieu de considérer une partie de la surface de la sphère, nous prenons la surface entière, on voit que :

Le volume de la sphère est égal au produit de sa surface par le tiers du rayon.

Comme la surface est représentée par $4\pi.R^2$, on voit que le volume a pour expression :

$$\text{vol. sph.} = \frac{4}{3}\,\pi\,R^3.$$

D'après la définition donnée plus haut du secteur sphérique, on voit que :

Le volume d'un secteur sphérique est égal à la surface de la zone qui lui sert de base, multipliée par le tiers du rayon.

On nomme *segment* sphérique la portion du volume de la sphère comprise entre deux plans parallèles (fig. 142). La distance des deux plans est la hauteur du segment.

Considérons d'abord un segment sphérique à une base,

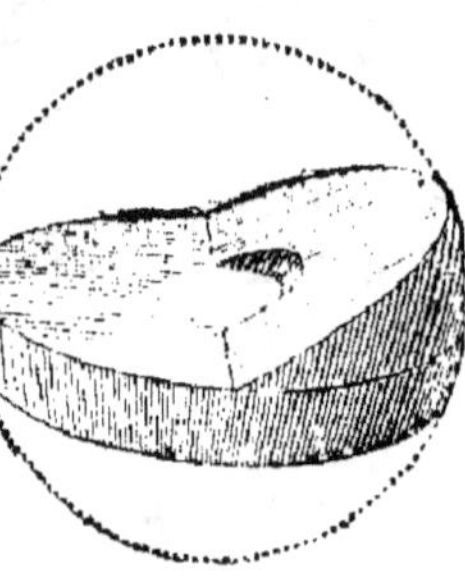

Fig. 142.

c'est-à-dire la plus petite portion du volume de la sphère détachée par un plan quelconque. Le volume d'un tel segment est manifestement égal au secteur sphérique limité à la surface du segment, diminué du volume du cône qui a pour base la base du segment et pour sommet le centre de la sphère ; or nous savons évaluer ces deux volumes, et par conséquent leur différence.

Un segment sphérique à deux bases étant la différence de deux segments sphériques à une base, son volume pourra aussi être connu. On démontre que ce volume s'obtient d'après la règle suivante :

Le volume d'un segment sphérique équivaut au volume d'une sphère ayant pour diamètre la hauteur du segment, augmenté de la demi-somme des volumes de deux cylindres ayant pour hauteur commune celle du segment, et pour bases respectives les bases du segment.

On nomme *onglet* sphérique la portion du volume de la sphère comprise entre deux demi grands cercles.

On voit de suite que *le rapport du volume d'un onglet sphérique à celui de la sphère entière est celui du dièdre formé par les deux plans qui le limitent, à quatre angles droits.*

Si l'angle dièdre est de 30°, le volume de l'onglet est les $\dfrac{30}{360}$, ou le douzième du volume de la sphère.

La surface sphérique qui limite l'onglet se nomme un *fuseau*. On voit aussi que *le rapport de la surface du fuseau à celle de la sphère est égal au rapport de l'angle des plans qui le comprennent à quatre angles droits.*

Mesurer le volume d'un anneau.

149. Considérons, comme nous l'avons fait (§ **137**), une courbe plane symétrique par rapport à une droite, tournant autour d'une parallèle à cette droite dans le plan de la courbe. Décomposons le volume engendré en tranches minces par des plans perpendiculaires à l'axe du solide. On peut assimiler le volume d'une de ces tranches à celui d'un anneau cylindrique engendré par un rectangle tel que $mnpq$. Or, nous avons vu que le volume d'un pareil anneau (§ **140**) est égal au produit de la surface du rectangle générateur par la circonférence que décrit son centre. Tous les rectangles que l'on peut ainsi considérer ayant leurs centres sur l'axe de symétrie de la

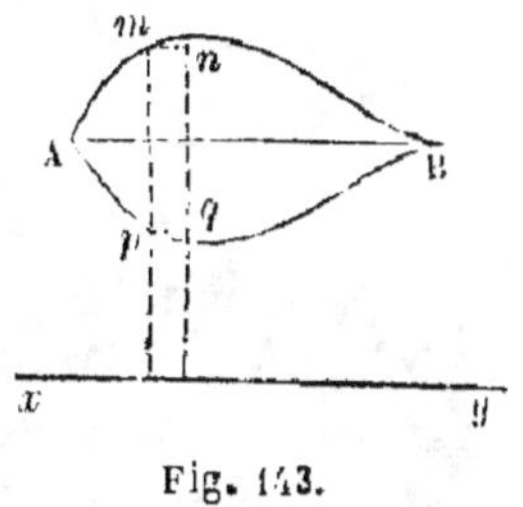

Fig. 143.

courbe, la circonférence décrite est la même pour chacun d'eux ; d'ailleurs la somme de leurs surfaces donne l'aire de la courbe quand les tranches sont infiniment voisines ; donc :

Le volume engendré par la révolution d'une courbe symétrique par rapport à une droite, autour d'une parallèle à cette droite située dans son plan, est égal à la surface de la courbe génératrice multipliée par la longueur de la circonférence décrite autour de l'axe de révolution par un point de son axe de symétrie.

En d'autres termes :

Ce volume est égal à celui d'un cylindre droit ayant pour base la courbe génératrice, et pour hauteur la longueur de la circonférence décrite par un point de l'axe de symétrie.

En particulier, le volume d'un tore (§ 138) est égal $\frac{\pi^2.d^2.D}{4}$, d étant le diamètre du cercle générateur, D l diamètre extérieur du tore, diminué de d.

Ainsi le volume d'un tore de 4 centimètres de hauteu et de 74 centimètres de diamètre extérieur serait

$$\frac{9,87}{4} \times 4^2 \times 70 = 9,87 \times 280 = 2^{d\cdot c},764^{c\cdot c\cdot}$$

Jauger un tonneau.

150. Pour jauger un tonneau, c'est-à-dire évaluer s; contenance, on mesure la diagonale qui va du trou d

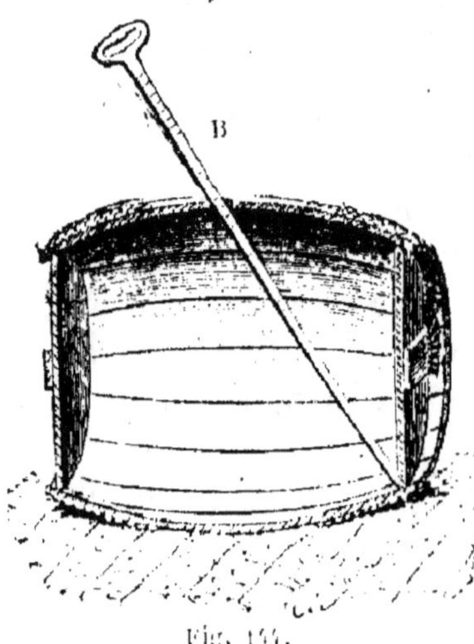

Fig. 147.

bonde B, au point le plus ba de l'un des fonds, et on mul tiplie le cube de la longueu de cette diagonale, mesuréc en prenant le décimètre pou unité, par le nombre 0,605. La tige de fer dont on se ser dans les octrois, pour jau ger les tonneaux, porte de: divisions en regard des quelles sont inscrits les pro duits dont on vient de parler de sorte que le volume du tonneau est connu par une simple lecture. A défaut de jauge graduée, on mesure la diagonale avec un mètre, et on multiplie le cube du nombre obtenu par 0,605. D'après cela, si cette diagonale est de 75 centimètres, ou $7^d,5$, le volume est de $421,8 \times 0,605$, ou 255 litres.

Déterminer le poids des corps de forme géométrique qui ne peuvent être pesés directement.

151. On sait que le poids d'un décimètre cube d'eau est de 1 kilogramme; si l'on pèse un décimètre cube de terre végétale, on trouve que son poids est de $1^k,25$; un décimètre cube de granit pèse en moyenne $2^k,75$, etc. Il est clair que 2, 3, 4 décimètres cubes de granit pèseront 2, 3, 4 fois plus; en d'autres termes, pour avoir le poids d'un certain volume de granit, il faudra multiplier le nombre qui représente le volume en décimètres cubes par le poids d'un décimètre cube, ou 2,75. Le résultat représentera le poids en kilogrammes. Le rapport du poids du volume d'une substance quelconque au poids d'un égal volume d'eau se nomme le *poids spécifique* de la substance.

On voit que *le poids d'un corps en kilogrammes est égal à son volume en litres, multiplié par le poids spécifique.*

Proposons-nous d'évaluer le poids de l'obélisque de Luxor, que l'on voit à Paris au centre de la place de la Concorde. Sa forme est celle d'un tronc de pyramide à base carrée. Le côté de la base inférieure a $2^m,42$, celui de la base supérieure $1^m,54$; la distance des deux bases est de $21^m,60$. On trouve que le volume est de 84 mètres cubes, et, par suite, le poids est de $84\,000\,000 \times 2,75$ kilogrammes, ou environ $230\,000$ kilogrammes.

Inversement, la connaissance du poids peut servir à déterminer une des dimensions d'un corps de forme géométrique. Supposons, par exemple, qu'une lame de cuivre de 125 centimètres carrés de surface ait été argentée sur une de ses faces; elle pesait avant l'opération 32 grammes, elle pèse après l'opération $33^{gr},42$; quelle est l'épaisseur de la couche d'argent déposée? Le poids d'argent qui revêt la lame est de $1^{gr},42$; il est égal au volume que nous évaluerons en millimètres cubes, multiplié par le poids du millimètre cube d'argent qui est de

11 milligrammes et demi ; soit e l'épaisseur de la couche, on a $12500 \times e \times 11,5 = 1420$, et par suite

$$e = \frac{142}{1250 \times 11,5} = \frac{142}{14375} = 0,01 \text{ millimètres.}$$

La couche déposée a donc une épaisseur de 1 centième de millimètre environ.

Autre exemple. Un fil de fer de 10 mètres de long pèse 3 grammes. Quel est le diamètre du fil ?

Nommons d ce diamètre en millimètres, $\frac{\pi d^2}{4}$ est la section du cylindre, $\frac{\pi d^2}{4} \times 10000$ est son volume en millimètres cubes, et $\frac{\pi d^2}{4} \times 10000 \times 7,8$ est son poids en milligrammes. On a donc

$$\frac{\pi d^2}{4} \times 10000 \times 7,8 = 3000,$$

d'où

$$d^2 = \frac{12}{78 \times \pi} = 0,0488,$$

$$d = 0^{mm},22.$$

Volumes que l'on peut mesurer comme les cylindres et les cônes.

152. Nous avons vu (§ 56) qu'un prisme oblique pouvait être considéré comme décomposé en un très-grand nombre de prismes droits de même base et d'une très-petite hauteur. (Une pile de feuilles de papier égales donne une idée de ce genre de décomposition.) Or, il est évident que le volume du solide reste le même quelle que soit la disposition des tranches les unes au-dessus des autres et leur figure, pourvu que leur surface soit constante. De cette considération résulte la proposition suivante :

Si une surface plane quelconque, d'aire constante, se déplace parallèlement à un plan fixe et dans le même sens, le volume engendré est égal à l'aire de la surface multipliée par la distance des plans parallèles extrêmes qui limitent le solide.

Nous avons vu aussi (§ 70) que la pyramide pouvait, par une décomposition analogue, être assimilée à une somme de prismes droits très-minces dont les bases sont des polygones semblables ; le rapport de similitude de deux sections est d'ailleurs égal au rapport de leurs distances au sommet de la pyramide ; d'où il résulte que le rapport des aires de ces sections est égal au carré du rapport de leurs distances au sommet. Or, il est évident que le volume du solide restera le même quelle que soit la disposition des tranches les unes au-dessus des autres et leur figure, pourvu que la dernière condition soit remplie. Donc :

Si une surface plane quelconque se déplace parallèlement à un plan fixe dont elle s'approche en se réduisant de façon que son aire reste proportionnelle au carré de la distance de son plan au plan fixe, le volume engendré est égal à l'aire de la surface dans sa position initiale, multipliée par le tiers de sa distance au plan fixe.

D'après cela, si on veut calculer le volume d'une vis (fig. 111), il suffira de multiplier l'aire d'une section perpendiculaire à l'axe par la longueur de l'axe. Le volume d'un escalier tournant, d'une colonne torse, etc., se calculera de la même manière.

Le second théorème offre moins d'intérêt. Je terminerai ces applications en évaluant le volume d'un solide prismatique limité par un plan gauche (fig. 115.)

Considérez le prisme triangulaire (fig. 53) et imaginez que la ligne SE se meuve parallèlement au plan ABC en s'appuyant sur l'arête EA et la diagonale SC. Dans ce mouvement elle engendre un plan gauche (§ 105). Or, il est aisé de reconnaître que ce plan gauche divise le prisme en deux solides équivalents, d'où il résulte que le volume du prisme terminé au plan gauche SECA a pour mesure le produit de la base du prisme par la moitié de sa hauteur.

Ce résultat peut être utile dans le cubage des maçonneries ou des remblais terminés par des talus gauches.

TABLE.

FIN DE LA TABLE.

9270. — Imprimerie générale de Ch. Lahure, rue de Fleurus, 9, à Paris.

www.ingramcontent.com/pod-product-compliance
Lightning Source LLC
LaVergne TN
LVHW012308170726
843503LV00002B/648